花生连作障碍发生机理与绿色治理技术

◎ 黄玉茜 等 著

中国农业科学技术出版社

图书在版编目（CIP）数据

花生连作障碍发生机理与绿色治理技术／黄玉茜等著 . --
北京：中国农业科学技术出版社，2022.8
ISBN 978-7-5116-5815-9

Ⅰ.①花… Ⅱ.①黄… Ⅲ.①花生–连作障碍–研究
Ⅳ.①S565.2

中国版本图书馆 CIP 数据核字（2022）第 118000 号

责任编辑　姚　欢
责任校对　马广洋
责任印制　姜义伟　王思文

出 版 者　中国农业科学技术出版社
　　　　　北京市中关村南大街 12 号　　邮编：100081
电　　话　(010) 82106631（编辑室）　　(010) 82109702（发行部）
　　　　　(010) 82109709（读者服务部）
网　　址　https://castp.caas.cn
经 销 者　各地新华书店
印 刷 者　北京建宏印刷有限公司
开　　本　170 mm×240 mm　1/16
印　　张　12.5　彩插　4 面
字　　数　230 千字
版　　次　2022 年 8 月第 1 版　2022 年 8 月第 1 次印刷
定　　价　50.00 元

《花生连作障碍发生机理与绿色治理技术》
著者委员会

主　　著：黄玉茜

副 主 著：何志刚　张丽霞　李　波　梁春浩
　　　　　肖　丹　赵海洋　刘　萍

著作成员：臧超群　田培聪　高　洁　梁兵兵
　　　　　王　趁　裴　雪　谢瑾卉　林　英
　　　　　刘　闯　丁　奥　韩　迪

前　言

花生是世界上重要的油料作物之一，在世界油脂生产中占有举足轻重的地位。中国是世界上最大的花生生产国，2018年我国花生种植总面积为$4.62 \times 10^6 \ hm^2$，占世界总面积的近20%，总产量达到$1.73 \times 10^7 t$，占世界花生总产量的40%以上，居世界花生产量第1位。花生对连作较为敏感，多年重茬会导致花生品质下降、产量降低、生育状况变劣和病虫害为害加重。受土地资源、气候类型和种植习惯等因素限制，我国花生连作现象较为普遍，其中作为花生生产大省的河南、山东、广东和辽宁，连作障碍问题尤为严重。

近年来，随着种植业结构的不断优化调整，辽宁花生种植面积持续扩大，现已成为主要农作物之一。由于种植者对花生连作障碍问题的忽视，肥水管理的不到位以及对病虫害未能采取科学的防控措施等因素，辽宁部分花生产区出现土壤环境恶化、病虫害为害严重，花生单产和品质下降现象。鉴于日益突出的花生连作障碍问题已严重影响花生的优质高产，成为制约辽宁乃至我国花生产业可持续发展的瓶颈之所在。因此，围绕花生连作障碍发生与形成机理研究，综述行之有效的绿色治理技术来编写一部科技著作十分必要。

本书根据作者从事花生连作障碍的多年研究工作基础，通过大量的室内外试验分析和田间实地调研，解析了花生连作障碍的发生机理及成因，包括微生物群落结构失衡、自毒作用和土壤理化性质恶化这三个方面。花生连作障碍是一项复杂的系统性问题，如何全方位破解是困扰广大学者和生产者的难题。从单一角度阐述花生连作的危害，使用单一的治理技术显然缺乏全面性和系统性。为此，著作团队在国家自然科学基金、国家花生现代农业产业技术体系和国家重点研发计划等项目资助下，系统开展花生连作障碍绿色治理技术研究，取得了一系列重大突破，为破解花生连作障碍难题开辟出新的有效途径。

本书较为系统地总结了有关试验研究成果，并从植物营养学、微生物学、植物病理学和土壤学等多学科领域角度提出有效缓解花生连作障碍的绿色治理技术。本书对解决花生连作障碍有重要作用的生物治理技术、农业治理技术和养分调控技术进行了较为详细的介绍。合理应用书中所述技术体系，能够有效地降低花生连作障碍造成的产量损失，减少化学肥料和化学农药的施用量，遏制花生产区的面源污染，增加土壤有益微生物种类和数量，提高土壤肥力，保证我国花生产业的健康可持续发展。

本书由长期从事花生栽培、养分调控和病虫害防治技术的教学、科研和一线生产技术人员共同编著，适用于从事花生产业教学、技术推广、种植和农资销售等人员使用，也可作为培训教材和自学读本等。

本书的编著和出版得到了辽宁省农业科学研究院、中国农业大学、中农绿康（北京）生物技术有限公司和中国农业科学技术出版社的大力支持，在此表示衷心的感谢。书中参考了有关连作障碍治理技术研究的大量文献资料，在此对相关同仁一并表示谢意。

由于时间仓促，虽有尽善尽美之心，但鉴于笔者水平之限，书中难免存在疏漏和不足之处，恳请广大读者和同行不吝赐教并提出宝贵意见。

黄玉茜

2022 年 6 月

目 录

第一章　花生连作障碍危害及产生机理

第一节　花生概述

一、花生的起源与分布

（一）花生的起源

花生属于豆科，一年生草木，又名落花生、地豆、地果，皆由其生长特性得名。花生先在地上开花，花落后才在地下结果，故有"落花生"之称。又因花生营养丰富，能促进人体健康，具有延年益寿的功效，故民间又称为"长生果"。

一般公认花生原产于南美热带亚热带地区，具体则为南美洲的秘鲁和巴西一带。其主要根据以下几点。第一，在巴西北部，从安第斯山麓直到大西洋岸边广阔的范围内，分布着花生属的各种野生种群，说明这里曾经是花生祖先的故乡。第二，从考古资料来看，1875 年，在利马海岸安康镇的一座坟墓中，曾经发掘出 2 500~2 700年前的炭化花生籽粒，这表明，那时花生已经成为当地人民栽培作物之一。第三，是文化遗产上的证据，在一本叫作《巴西志》的美洲最古老著作中，曾明确地提到过花生。结合以上事实自然得出一个结论，在那遥远的过去，美洲印第安人首先发现并挖取野生花生果后，开始有意识地种植并驯化花生，终于改变了野生花生的本性，成为具有诱人魅力的果品。哥伦布发现新大陆后，花生由南美洲向东传入非洲，向西传入印度尼西亚群岛，再经此传入世界各地。

我国种植花生的历史也十分悠久，其传入我国约有五百多年的历史。在明弘治十六年（公元 1503 年）的江苏《常熟县志》中，就有种植和食用花生的记载，此后，种植面积逐渐扩大，16 世纪我国沿海一带已种植花生。

20世纪以来，种植面迅速扩大，花生逐渐成为我国重要的油料作物。我国种植的花生是外来的，长期以来学术界对此并无争议。可是，20世纪50年代末至60年代初在浙江省吴兴县钱山漾遗址出土了2粒炭化花生仁，经^{14}C测定发现，距今已经有（4 700±100）年的历史。接着又在江西修水县跑马岭遗址中发现了公元前2335年的4粒花生仁，花生仁是与木炭和野果同时出土的。因此，有的学者则推测，也许历史上某个时期，在我国南方偏僻地区曾经种植过花生或者采集过野生花生，只是由于当时交通闭塞或其他原因未能流传而已。此外，在一些古籍记载中，也可以找到很好的佐证。例如唐朝段成式写的一本名为《酉阳杂俎》的书中，就有"花开亦落地，结子如香芋，亦名花生"的记载，可见那时已经存在花生种植。因此，本来已经是毋庸置疑的花生起源地问题至今仍为一个未解之谜。

（二）花生的分布

花生主要生长在热带和亚热带地区，以及地中海沿岸。世界花生种植面积呈逐渐上升趋势，1978年为1 903万hm^2，2008年增长到2 459万hm^2。各大洲花生种植面积发展趋势不一，亚洲和非洲基本上呈逐渐上升趋势，美洲、大洋洲、欧洲基本上呈逐渐下降趋势。花生种植面积最大的是亚洲，其次是非洲，大洋洲和欧洲有零星种植。2008年全球花生种植面积2 459万hm^2，其中：亚洲1 334万hm^2，占54.26%；非洲1 005万hm^2，占40.88%；美洲116万hm^2，占4.74%；大洋洲1.7万hm^2，占0.07%；欧洲1万hm^2，占0.04%。

花生种植面积位居世界前列的国家主要有印度、中国、尼日利亚、苏丹、印度尼西亚、塞内加尔、美国、刚果和乍得等，印度和中国始终位列第一和第二。印度的种植面积从20世纪70年代末逐渐上升，在80年代末达到最高峰，随后有较大幅度的下降。中国的种植面积基本上呈现上升趋势。尼日利亚的种植面积从70年代末逐渐上升，至90年代起一直位于第三名。苏丹的种植面积在80年代大幅波动，但从90年代至今位列第四。塞内加尔的种植面积大幅下降，美国、印度尼西亚的种植面积波动剧烈。2008年印度种植面积为685万hm^2，中国种植面积为462万hm^2，尼日利亚230万hm^2，苏丹95万hm^2，这4个国家的种植面积就占到全球的59.86%。

花生作为我国最主要的油料作物之一，在我国各省（市、区）均有种植，其中以河南、山东、河北为核心的北方产区（含苏北和淮北）面积和产量均占全国的一半以上，其次为华南产区（含广东、广西、福建、海南及湘南、赣南地区）和长江流域产区（含四川、湖北、湖南、江西、重庆、贵州以及江淮地区）。除上述传统三大主产区外，近十年来东北农牧交错带（辽宁、吉林为主）花生发展较快，成为第四大产区。近期全国花生面积扩大主要源于河南、吉林等地区以花生替代玉米、花生替代棉花的结构调整。一些省份由于统计口径的改变（如河北、江苏、安徽），上报面积与历史同比明显偏低，而据实际调查并未下降或下降不明显，也有一些地区由于自然、经济和社会等方面的原因，种植规模有一定缩减，但就全国而言种植面积总体稳中有升。

2008—2018 年，全国有 14 个省花生面积超过 100 万亩*（6.67 万 hm²）。按农业农村部统计数据（2009—2017 年平均），面积排序依次是河南、山东、河北、广东、辽宁、四川、湖北、广西、安徽、吉林、江西、湖南、福建、江苏。按国家统计局发布数据，全国花生面积从 2009 年的 6 421.5 万亩（428.10 万 hm²）增长到 2018 年的 6 930.0 万亩（462 万 hm²），十年增长 7.92%。2019 年，全国面积超过 7 000 万亩（466.67 万 hm²），其中河南省进一步达到创纪录的 2 260 万亩（150.67 万 hm²），山东省虽然有所下降，但仍维持在 1 000 万亩（66.67 万 hm²）以上，辽宁、吉林分别达 490 万亩（32.67 万 hm²）和 380 万亩（25.33 万 hm²）。目前，花生种植面积在国内大宗农作物中居第七位（排在玉米、水稻、小麦、大豆、油菜、马铃薯之后），在国际上仅次于印度居全球第二位，占全球花生种植面积的 17%（FAO，2017）。

二、世界花生生产发展动态

半个世纪以来，世界花生生产规模在震荡中逐步扩大。从 1972/1973 年度（因不同国家种植花生的时间不同，为了统一比较分析的口径，文中采用市场年度）的 1 812 万 hm² 增长至 2016/2017 年度的 2 562 万 hm²，累计增

---

* 1亩≈667m²，全书同。

幅39.7%，年均增长率0.7%。主要是因为中国花生收获面积迅速增加，从1972/1973年度的188万hm²增长至2016/2017年度的475万hm²，累计增长1.5倍，年均增长率2.1%，占世界花生新增收获面积的39.9%。世界平均单产水平受科技水平拉动，显著提高，2016/2017年度为1 690kg/hm²，比1972/1973年度增长了111.3%，年均增速1.7%。由于收获面积和单产水平不断提升，世界花生总产量增长趋势显著，增速明显。1972/1973—2016/2017年度，世界花生总产量从1 442万t增加至4 277万t，增幅达196.5%，年均增速2.4%，高于收获面积和单产水平的增速。2000年以来，世界花生产出能力有所回落。2000/2001—2016/2017年度，花生收获面积、单产和总产量的年均增长率分别为0.3%、1.2%和1.5%，低于1972/1973—2016/2017年度的年均增长率指标（表1-1）。

　　1980—2001年，世界上花生主要生产国是印度、中国和美国，这3个国家的花生生产占世界产量的65%以上。2005—2017年，我国花生的总产量稳居世界第一。世界花生的生产集中度呈现先上升后回落的趋势。前5大主产国的花生合计产量占世界总产量的比重，从1980/1981年度的69.4%，上升至1990/1991年度的78.6%，此后逐步回落，2016/2017年度为72.6%。集中度下滑主要是因为尼日利亚等国为提高经济收入，迅速发展石油工业，减少了对农业的重视程度，同时在农业产业布局中，增种热带经济作物等，减少了花生种植面积；而非主产国在提高油脂消费水平，提升植物油在食用油占比的进程中，增加了花生种植面积。在花生主产国中，中国、印度一直稳居前两位，其中，中国花生生产发展迅速，自1993/1994年度起成为世界花生第一生产大国。印度花生产量在震荡中徘徊上升，在2000/2001年度之前一直靠增加播种面积来提高产量，此后单产虽有所增加，但生产能力低于中国，一直稳居世界花生第二大主产国的位置。中国、印度两国花生合计产量占世界总产量的比例超过50%。自2000/2001年度以来，尼日利亚、美国的花生产出水平仅次于中印两国，成为世界第三、第四大花生主产国。苏丹、缅甸、阿根廷的花生产出水平较为接近；印度尼西亚、塞内加尔、坦桑尼亚的花生产量也在100万t左右，占世界总产量的2%左右。

表 1-1 1980/1981—2016/2017 年度世界花生主要产出国产量和单产水平

1980/1981 年度				1990/1991 年度				2000/2001 年度			
国家	产量(万 t)	占比(%)	单产(kg/hm²)	国家	产量(万 t)	占比(%)	单产(kg/hm²)	国家	产量(万 t)	占比(%)	单产(kg/hm²)
印 度	500.5	31.2	735.9	印 度	751.4	34.6	904.3	印 度	1 443.7	43.4	2 973.0
中 国	360.0	22.4	1 359.1	中 国	636.8	29.3	2 190.6	中 国	570.0	17.1	703.7
美 国	104.5	6.5	1 846.3	美 国	163.4	7.5	2 232.2	美 国	290.1	8.7	1 500.0
印度尼西亚	79.1	4.9	1 557.1	印度尼西亚	86.0	4.0	1 433.3	印度尼西亚	148.1	4.4	2 737.5
苏 丹	70.7	4.4	790.8	苏 丹	70.3	3.2	769.1	苏 丹	104.0	3.1	1 600.0
尼日利亚	53.0	3.3	815.4	尼日利亚	47.2	2.2	852.0	尼日利亚	95.8	2.9	967.7
塞内加尔	52.1	3.3	489.7	塞内加尔	44.4	2.0	2 480.4	塞内加尔	94.7	2.8	647.3
缅 甸	43.1	2.7	838.5	缅 甸	38.0	1.8	717.0	缅 甸	63.7	1.9	1 132.1
刚 果	32.0	2.0	666.7	刚 果	32.5	1.5	601.9	刚 果	56.4	1.7	2 247.0
巴 西	31.0	1.9	1 319.1	巴 西	25.0	1.2	500.0	巴 西	38.2	1.2	778.0

2005/2006 年度				2010/2011 年度				2016/2017 年度			
国家	产量(万 t)	占比(%)	单产(kg/hm²)	国家	产量(万 t)	占比(%)	单产(kg/hm²)	国家	产量(万 t)	占比(%)	单产(kg/hm²)
中 国	1 434.2	40.1	3 076.4	中 国	1 564.4	39.2	3 455.7	中 国	1 740.0	40.7	3 663.2
印 度	623.0	17.5	927.9	印 度	584.0	14.6	997.3	印 度	670.0	15.7	1 264.2
尼日利亚	347.8	9.7	1 590.3	尼日利亚	379.9	9.5	1 362.1	尼日利亚	300.0	7.0	1 200.0
美 国	220.9	6.2	3 352.0	美 国	188.6	4.7	3 712.6	美 国	253.2	5.9	4 070.7
印度尼西亚	117.0	3.3	1 581.1	印度尼西亚	136.2	3.4	1 572.7	印度尼西亚	140.0	3.3	777.8
缅 甸	103.9	2.9	1 519.0	缅 甸	128.7	3.2	1 076.1	缅 甸	137.5	3.2	1 553.7
塞内加尔	70.3	2.0	910.6	塞内加尔	125.0	3.1	1 666.7	塞内加尔	128.8	3.0	3 975.3
苏 丹	52.0	1.5	541.1	苏 丹	103.3	2.6	3 364.8	苏 丹	112.0	2.6	1 866.7
阿根廷	51.0	1.4	3 109.8	阿根廷	76.3	1.9	662.3	阿根廷	94.5	2.2	821.0
越 南	48.9	1.4	1 811.1	越 南	53.6	1.3	1 421.8	越 南	80.0	1.9	952.4

数据来源：USDA 数据库，各国以花生产出数量由大到小排序。中国花生产出数据来自农业农村部油料全产业链信息分析预警团队的调查及相关统计。

三、中国花生生产发展动态

(一) 中国花生生产布局变化

中国自改革开放以来，花生的播种面积、单产和总产量均保持上升态势，但是随着经济的快速发展和城镇化的不断推进，花生生产布局却在不断发生变化，花生生产受到来自非农产业和其他农业产业发展的压力越来越大，尤其在经济发达的华南、华东和华北地区的花生传统生产省份，花生播种面积自21世纪以来出现了不同程度的萎缩，例如，山东省花生播种面积从2003年的98.818万 hm^2 减少至2016年的73.970万 hm^2，下降幅度为25.15%；河北省花生播种面积从2001年49.450万 hm^2 下降至2016年的34.230万 hm^2，下降幅度为30.78%；北京市花生播种面积自改革开放以来下降了94.16%；江苏、安徽、湖南和广西2016年花生播种面积分别比历史最高年份下降了59.21%、45.18%、19.80%和9.21%。有些省份花生播种面积呈现总体增长态势，河南和四川（包括重庆1997年以前的数据）花生播种面积自改革开放以来一直呈现较为稳定的增长态势，年增长率分别为7.79%和3.65%；吉林省2016年花生播种面积比2000年增长了2.81倍；另外有些省份花生播种面积波动较大，如辽宁、广东。花生生产布局的变化不仅会影响国内花生的供给总量和供给稳定性，而且会对国内外花生价格稳定和中国花生产业的发展产生深远的影响。因此优化花生生产布局对于缓解花生供需矛盾、制定科学合理的花生产业发展规划、稳定中国油料产业安全具有重大意义，对于激发乡村发展活力、增强乡村吸引力、促进农民致富增收起到重要的助推作用，也是深化农业供给侧结构性改革的一个重要方面。

（二）辽宁花生生产历史与现状

据史料记载，辽宁省的花生始种于1905年，具有悠久的花生栽培历史，到现在已有百年生产历史，群众积累了非常丰富的生产经验，目前辽宁省各个市县均有花生种植，覆盖面较广。辽宁省的自然条件适合发展花生生产，大中粒型花生均有种植。现在辽宁省已是全国优质花生出口基地，每年出口量3万t左右，占总产的8%~10%。辽宁作为全国花生主产区，长期以来面积稳定，种植地区集中，"十五"期间全省栽培面积增加较快，个别地区增加速度尤为迅猛，单产水平也随之不断提高。由于辽宁气候适宜，花生黄曲霉毒素含量少，花生是适宜出口的优质农产品。辽宁花生年均种植面积15.5万 hm^2，年总产量34.4万t，面积和产量均居全国第十位，平均单产2 253.0kg/ hm^2，位居全国第十八位。从全国范围看，辽宁花生种植面积比较靠前，但单产位于中下游水平。

自 2000 年起，辽宁花生生产结束了 1987 年以来连续 13 年的低谷徘徊期，出现了良性发展势头，表现为以下 5 个特点。①种植面积不断增多。1949—1999 年有 80% 以上年份种植面积在 10.0 万 ~ 13.3 万 hm²，居全国第十至十三位；2000—2005 年发展很快，年均种植面积 18.7 万 hm²，居全国第七至八位，最高年份达 25.3 万 hm²，成为辽宁省第三大种植作物。②平均单产相对较低。2000—2005 年平均单产为 2 115kg/hm²，比同期我国平均单产水平 2 947.5kg/hm² 低 832.5kg/hm²。③品种种植格局相对固定。目前辽宁省的花生品种格局是白沙 1016 占全省花生总面积的 70% 左右，阜花系列、锦花系列和连花系列新品种占 25% 左右，国内其他省份新近选育的新品种占 5% 左右。④花生主产区在逐渐发生变化，由过去以大连和锦州为主，过渡到以锦州为主，再过渡到以阜新、铁岭和锦州为主。⑤产区间生产能力差别大。由于气象条件、地力水平、农艺措施和品种更新等多方面原因，导致生产能力差别很大，以 2006 年为例，各地单产分别为辽阳 3 637.5kg/hm²、铁岭 3 610.5kg/hm²、丹东 3 385.5kg/hm²、锦州 1 833kg/hm²，极差达 1 500kg/hm² 以上。

第二节 花生连作障碍的发生及危害

一、连作障碍产生背景及危害

我国花生面积大，产区相对集中，很多地方已经形成传统的优势花生种植产业，常常多年连片、大规模种植，有的甚至已连作了 20 ~ 30 年。连作是导致花生产量低而不稳的主要因素之一。花生连作重茬往往导致病虫害加剧发生，其中虫害主要有花生蚜虫和斜纹夜蛾等。花生苗期病害以镰刀菌根腐病为主，发病率随连作年限成倍增加；荚果期多发叶斑病，病株率近 100%；青枯病、白绢病也随连作年限的延长日趋严重，发病多在结荚成熟期。青枯病一旦感染，产量损失 60% ~ 70%，若在开花前与结荚期发病则会导致颗粒无收。连作对花生生长的影响主要表现在花生个体生长发育缓慢、植株矮小、结果数少、百果重低、产量下降等，且随连作年限的延长上述症状加重。

（一）连作对花生植株性状的影响

连作花生在生长发育过程中，有着明显的特征，主要表现为植株矮小发育不良、结果数和饱果数严重降低、烂果数增加，从而导致产量下降。有调查表明，经过 10 年以上的长期连作，在酸性红壤花生大田中，花生根幅缩小 20%~30%，产生病害的根部最多达到 1/5；花生生长到中后期，株高降低 12~25cm；有效分蘖数减少一半以上。连作长达 20 年的高节位无效分枝超过一半；连作 10 年的花生单株结果数减少 15 个以上，产量比连作 3 年的减少 1/4 以上，连作 20 年的单株总果数减少 25 个以上，产量比连作 3 年的减少 1/2 以上（陈志才等，2008）。

（二）连作对土壤养分的影响

栽培耕作方式常年相同、肥料施用种类单一以及作物对土壤营养元素的片面吸收，都会使得连作土壤中某些营养元素急剧减少，另一些营养元素却逐渐增加，导致土壤养分的不均衡，土壤养分的非均衡性变化是形成作物连作障碍的重要因素。花生的生长发育不仅需要吸收特定比例的土壤矿质养分并且所需类别也有偏好，花生作为典型的豆科固氮作物，其根瘤菌的固氮功能会使得花生对土壤中的氮素吸收较少，而对土壤中其他矿质养分（钾、磷、铁、硼、钙）等的吸收量较多。封海胜等（1993）研究表明，连作花生的土壤中速效磷、速效钾和速效硼的含量随着连作年限的增加而减少，氮含量变化不显著；花生连作 1 年、3 年和 5 年后，相较于轮作，土壤中速效钾减少 9.8%、40.6% 和 48.7%；土壤中速效磷含量减少 52.9%、40.6% 和 53.8%。徐瑞富等（2003）关于不同连作年限花生的土壤养分变化的研究结果表明，花生连作 1 年后的碱解氮含量有所变化而连作 2 年后变化不大，随着年份递增土壤速效钾含量和速效磷含量呈现显著下降趋势；而花生连作 3 年后，土壤中钾素和磷素分别下降了 16.7% 和 61.3%。李忠等（2018）研究表明，花生连作 2 年土壤有机质、速效氮、有效磷和速效钾含量分别下降 13.5%、24.7%、29.9% 和 22.9%；连作 4 年后分别下降 21.3%、15.8%、29.5% 和 30.9%。花生长期连作，造成需求量较大的土壤营养元素的亏缺，需求量较少的土壤养分积累，阻碍下茬花生的正常生长发育，降低其抗逆能力，增加其病虫害发生概率，从而导致花生产量和品质持续下降。

（三）连作对土壤微生物的影响

连续种植花生的过程中，其根系分泌物在土壤中不断积累，花生植株残体也残留在土壤中，加之连年相同的管理方法和种植模式，使得土壤形成了一个相对稳定的小微生态环境，土壤就在这样的环境中不断受到影响。同时土壤中微生物的生长发育也因此而稳定下来，特定的连作花生土壤微生物类群就此形成。大量研究结果表明，花生在连作多年以后，其土壤微生物区系会发生显著变化，主要的三大菌群数量变化最为明显：土壤中的细菌、放线菌数量明显减少，而真菌数量却明显增加。因此，众多学者得出结论：由于种植年限的不断增加，逐渐从细菌型土壤转化为真菌型土壤，根际中的放线菌和细菌数量明显减少。大量放线菌菌群能够分泌抗生素，因此放线菌的减少将导致土壤中抗生素含量降低，从而减弱了有益微生物对有害微生物的拮抗作用，有害微生物不断增加，导致植株的病害发生严重，成为连作减产的重要原因之一。

（四）连作对土壤酶活性的影响

土壤酶参与有机质的分解和腐殖质的形成，其活性反映了土壤中各种生物化学过程的强度和方向。土壤的过氧化氢酶活性，与土壤呼吸强度和土壤微生物活动相关，在一定程度上反映了土壤微生物学过程的强度；土壤脲酶活性与土壤的微生物数量、有机质含量、全氮和速效氮含量呈正相关。人们常用土壤脲酶活性表征土壤的氮素状况，用土壤的转化酶活性来表征土壤的熟化程度和肥力水平；土壤的磷酸酶活性可以表征土壤的肥力状况（特别是磷的状况）。在评价土壤肥力水平时，更多地考虑土壤的总体酶活性，而不只着眼于单一酶类的活性。据报道，随花生连作年限的增加，土壤碱性磷酸酶、蔗糖酶、脲酶活性均有逐年降低趋势。研究表明，花生连作超过5年后，土壤磷素流失严重，有害物质及一些抑制性真菌、病菌累积，土壤肥力退化，各种土壤酶活性均达到最低值。封海胜等（1994）研究发现，花生连作3年，土壤碱性磷酸酶活性降低29.3%，蔗糖酶降低12.7%，脲酶降低9.8%。连作对过氧化氢酶的活性影响不大。由此可见，连作改变了土壤酶活性，使花生根系毒害作用和土壤磷素流失加重，土壤状况、pH值、氮素供应能力均发生变化。

（五）连作对花生衰老的影响

植物衰老是由于植物体内氧代谢紊乱及活性氧伤害的积累所引起的生物膜脱脂化和膜脂过氧化而导致的。有害物质丙二醛（MDA）的逐渐积累，最终会导致植物细胞结构和功能失活。而细胞体内的抗氧化酶系统可以清除自由基和活性氧，保证细胞的正常代谢过程。植物的保护酶系统由细胞产生的超氧化物歧化酶（SOD）、谷胱甘肽过氧化酶（GSH-PX）、过氧化物酶（POD）、过氧化氢酶（CAT）等酶组成，其目的是清除植物体内的自由基和活性氧，从而保护植物细胞膜系统，延缓植物的衰老。现有研究表明，花生连作不仅能够造成植物体内膜保护酶 SOD、POD 和 CAT 等生物活性的下降，还可以导致花生植株体内膜脂氧化产物含量的上升，抑制植物体内的蛋白质合成，使得植物的生理寿命变短。

二、花生病害

花生病害种类繁多，全世界已报道的病害有 50 余种，主要病害有花生褐斑病、黑斑病、网斑病、根腐病、白绢病、菌核病、青枯病、锈病和根结线虫病等。近年来普发性和常发性病害依然肆虐，一些次要病害或局部发生病害上升为主要病害，如花生疮痂病、菌核病、根结线虫病、根腐病和白绢病等逐年加重，极大制约了花生产业的健康可持续发展。

（一）花生白绢病

花生白绢病，又称白脚病、菌核枯萎病、菌核茎腐病或菌核根腐病。世界各地均有发生，在我国一般南方花生产区发生较多，病株率为 5%～10%，严重的可达到30%，个别田块高达 60% 以上。近年来北方花生产区花生白绢病发生逐年加重，已成为重要的土传病害。

【病害症状】花生白绢病多在成株期发生，前期发生较少，主要为害茎基部、果柄、荚果及根。花生根、荚果及茎基部受害后，初呈褐色软腐状，地上部根颈处及其附近的土壤表面先形成白色绢丝（故称白绢病），病部渐变为暗褐色而有光泽，茎基部被病斑环割致植株死亡。在高湿条件下，感病植株的地上部可被白色菌丝束所覆盖，然后扩展到附近的土面而传染至其他植株。在干旱条件下，茎上病斑发生于地表面下，呈褐色梭形，长约0.5cm。并有油菜籽状菌核，茎叶变黄，逐渐枯死，花生荚果腐烂。该病菌在高温、高湿条件下开始萌发，侵染花生，沙质土壤、连续重茬、种植密度过大、阴雨天发病较重。

【发病规律】病菌以菌核或菌丝在土壤中或病残体上越冬，大部分分布在3~7cm的表土层中。菌核在土壤中可存活5~6年，尤其在较干燥的土壤中存活时间更长。病菌也可混入堆肥中越冬，荚果和种子也可能带菌。翌年田间环境条件合适时，菌核萌发，产生菌丝，从植株根茎基部的表皮或伤口侵入，也可侵入子房柄或荚果，引起病害发生，同时菌丝不断扩展，引起邻近植株发病。因此，该病害在田间常出现明显的发病中心，形成整穴枯死。病害在田间主要借助于地面流水、田间耕作和农事操作进行传播，传播距离较近。该病害一般在田间于6月下旬至7月上旬开始发生，7—9月为发病中高峰期。

花生白绢病是一种喜高温、高湿病害。花生生长中后期如遇高温、多雨、田间湿度大，病害发生严重，干旱年份发生较轻。连作重茬地块随着种植年限增加田间病情逐渐加重。土壤黏重、排水不良和低洼地块发病重，播种期早田间发病较重。雨后暴晴，病株迅速枯萎。

（二）花生镰孢菌根腐病

花生镰孢菌根腐病在世界各花生产区均有发生，我国广东、广西、安徽、江苏、山东、河南、辽宁、江西和福建等省份均有发生，以南方花生产区发生较重。花生镰孢菌根腐病主要侵染花生茎基部和地下根系，苗期至成株期均可发生，可造成全株枯死，对花生产量影响很大。一般产量损失5%~8%，严重田块产量损失20%以上。近年来该病害有上升趋势，成为花生生产中较为重要的根部病害之一。

【病害症状】花生镰孢菌根腐病在花生整个生育期均可发病，出苗前感病可引起种子和幼芽腐烂；苗期为害可引起苗枯；成株期为害可引起根腐、茎基腐和荚果腐烂，病株地上部分表现矮小、生长不良、叶片变黄，终致全株枯萎。由于发病部位主要在根部及维管束，使病株根变褐腐烂，维管束变褐，主根皱缩干腐，形似鼠尾状。

【发病规律】病菌主要以分生孢子、厚垣孢子随病残体在土壤中越冬，并成为病害主要初侵染源。带菌的种仁、荚果及混有病残体的土杂肥也可成为病害的初侵染源。病菌主要借流水、施肥或农事操作而传播，从寄主伤口或表皮直接侵入，在维管束内繁殖蔓延，导致植株发病。通常该病在连作地、地势低洼、土层浅薄等条件下发病严重，同时持续低温阴雨、大雨骤晴或少雨干旱的不良天气条件下发病也较重。

（三）花生腐霉菌根腐病

花生腐霉菌根腐病在我国花生种植区都有发生，症状常与立枯丝核菌引起的根腐混淆。

【病害症状】花生整个生育期都能被腐霉菌侵害，在苗期可引起猝倒，中、后期又能引起萎蔫、荚腐及根腐。可因为害部位和时期分为猝倒、萎蔫和腐烂3种类型。

猝倒　花生出土时或出土之后大多数弱苗或受伤苗容易感染此病。幼苗的胚轴、茎基部初期出现水渍状长条病斑，病部稍下陷，逐渐扩大环绕整个胚轴或茎后，变为褐色水渍状软腐，最后造成幼苗迅速倒伏萎蔫，表面布满白色菌丝体。

萎蔫　这种症状一般仅发生于个别分枝上，全株性萎蔫的不多。病枝上的叶片很快褪色，从边缘开始坏死，迅速向内延伸，扩展到叶片全部，终至整个复叶干枯皱缩。纵向剖开茎部可见维管束组织变为暗褐色。

腐烂　子房柄或幼果受侵后，呈淡褐色水渍状，2~4d内荚果可全部变黑腐烂。受害轻者荚果虽不腐烂，但其外壳较薄，容易被其他病原菌侵染。荚果或子房柄被害后也常引起根腐。被害植株生长迟滞，叶片淡绿而无光泽，在白天表现萎蔫而夜晚又恢复，往复几次就不再恢复而枯死。

【发病规律】花生腐霉菌根腐病在天气闷热和很高的土壤湿度下发生最多。其发病适温为 32~39℃。在温暖而含有自由水的土壤中，腐霉菌（*Pythium myriotylum*）能产生大量的游动孢子。游动孢子的活动范围有限，但它能随流水传播到远处。卵孢子和菌丝很容易在病组织或其周围的土壤中越冬，并可随流水、农具以及牲畜等传播。腐霉菌的无性世代很短，但在适宜的环境条件下可以大量繁殖。

（四）花生茎腐病

花生茎腐病俗称"烂脖子病"，是一种暴发性病害，一般年份病株率为15%～20%；发病严重的年份病株率高达60%以上，甚至连片死亡，造成绝产。该病主要分布于山东、河南、江苏、辽宁、湖北和安徽等省，花生出土前即可感病，病菌常从幼根或子叶侵入植株。

【病害症状】病菌首先侵染花生子叶，导致子叶变黑腐烂；然后侵染茎基部或地下茎部，使植株逐渐失水出现萎蔫。在土壤潮湿时，病部表面呈黑色软腐，内部组织变褐干腐，茎部干缩。发病初期，在茎基部产生褐色的不规则病斑，随病情发展，病部逐渐变为黑褐色，病斑向纵横扩展，围绕茎基部一周，导致植株输导组织破坏。地上部初期发黄，之后整个茎基部腐烂后植株死亡。该病在苗期发生，从最初发病至全株枯死约需1周，花期以后发病，出现部分侧枝枯死现象。

【发病规律】病菌主要在种子和土壤中的病残株上越冬，成为翌年发病的来源。如果病株作为荚果壳饲养牲畜后，粪便以及混有病残株所积造的土杂肥也能传播蔓延。在田间传播，主要是靠田间雨水径流，其次是大风，不过农事操作过程中携带病菌也能传播。在多雨潮湿年份，特别是收获季节遇雨，收获的种子带菌率较高，因此，不仅是病害的主要传播者，而且通过引种还可以远距离传播。

（五）花生青枯病

该病俗称"花生瘟"，在我国长江流域、山东、江苏等省发病重，从苗期至收获期均可发生，以花期最易发病，结荚盛期达到高峰。花生青枯病是由细菌（青枯假单胞杆菌）引起的，是细菌性维管束病害。近些年来，随着全球气候变化，花生整个生长期降雨增多、高温频发，使该病的发生逐年趋重。

【病害症状】青枯病是典型的维管束病害，整个生育期均可发生，以花期发病最重，病菌主要从根部侵染，使主根尖端变色软腐后，病菌通过维管束向上扩展至植株顶端。横切根茎部，可见整个维管束变为深褐色，用手挤压切口处有污白色菌脓溢出。初期病株早晨叶片张开延迟，傍晚提前闭合，主茎顶梢叶片首先萎蔫，侧枝顶叶暗淡下垂，随后病势发展，全株叶片自上而下急剧凋萎，1~2d 后整株死亡，但叶片仍保持绿色，可与其他病害区分。若将根茎病段悬吊浸入清水中，可见从切口涌出烟雾状的浑浊液，这是确诊该病的可靠依据之一。地下部分表现为病株易拔起，其主根尖端果柄、果荚呈褐色湿腐状，根瘤黑绿色。

【发病规律】花生青枯病的病菌主要在病田土壤、病残体和土杂肥中越冬，越冬后的病菌在田间主要随水流（包含地下水）传播，通过昆虫、人畜和农事活动（如：病土的迁移、深翻、耙地等）也可以传播。该菌通过根部伤口和自然孔口侵入，通过皮层进入维管束，由导管向上蔓延，病菌还可突破导管进入薄壁细胞，把中胶层溶解致皮层烂腐，腐烂后的根系病菌散落至土壤中，再通过土壤流水侵入附近的植株进行再侵染。病害发生严重田块，常可见到病情沿流水方向扩展的迹象。

（六）花生根霉菌腐烂病

花生根霉菌腐烂病分布比较广泛，各花生产区均有发生，但一般为害较轻，只是在土壤环境水分过高的情况下发病。病原菌仅限于侵害未出土的幼苗和种子，但在出土的幼苗及较老的植株上也能分离到，病菌是一种弱寄生菌。

【病害症状】在过高的土壤湿度和温度条件下，花生种子或未出土的幼芽被根霉菌侵害后，36~96h 内便能迅速腐烂。这时常常可见到种子被一团松散的菌丝体和黏附的土粒所包围。用带菌的种子播种后，当种子吸收水分时，病菌即开始活动，很快便能使种子腐烂。幼苗顶芽和子叶柄偶尔也会被根霉菌侵染而部分或全部毁灭。坏死常发生在幼茎或其基部，在坏死处可见到菌丝丛和黑色孢子囊。

【发病规律】病菌孢子囊在土壤中以腐生形式可以长期存活，是常见的腐生性较强的真菌。近距离由土壤带菌传播，远距离可由气流传播，种子也可带菌，影响种子发芽率。根霉菌在 10~20cm 土层中最多，喜酸性土壤，利用土壤中有机质进行快速繁殖。高温、高湿是病害发生的最有利条件。地势低洼常积水的地块发病重，种子质量差发病重，早播一般发病重。

（七）花生疮痂病

花生疮痂病 1992 年相继在广东、江苏、福建、广西等地区暴发成灾，自 2011 年开始在辽宁花生产区流行成灾，削弱植株长势，引起提早落叶，一般病田减产 10%～30%，严重病田损失在 50%以上。

【病害症状】花生疮痂病主要为害花生叶片、叶柄、茎秆，也可以为害叶托等部位。病害最初在植株叶片和叶柄上产生大量小绿斑，病斑均匀分布或集中在叶脉附近。随着病害发展，叶片正面病斑变淡褐色，边缘隆起，中心下陷，表面粗糙，呈木栓化，严重时病斑密布，全叶皱缩、扭曲。叶片背面病斑颜色较深，在主脉附近经常多个病斑相连形成大斑。随着受害组织的坏死，常造成叶片穿孔。叶柄发病时，形成褐色病斑，初期圆形或椭圆形，随着病情发展，病斑稍凹陷，呈长圆形或多个病斑汇合连片，严重发生时叶片提早死亡。茎秆发病时，经常多个病斑连接并绕茎扩展，呈木栓化褐色斑块，有的直径达 1cm 以上。病害发生严重时，疮痂状病斑遍布全株，植株矮化或呈弯曲状生长。

【发病规律】花生疮痂病初发期一般为 6 月中下旬，7—8 月为病害盛发期。该病菌主要是以分生孢子及厚垣孢子在病残体上越冬，并成为翌年初侵染源，病株残体腐烂后可能以厚垣孢子在土壤中长期存活，分生孢子通过风雨向邻近植株传播，逐渐形成植株矮化、叶片枯焦的明显发病中心。该病菌具有潜伏期短、再侵染频率高和孢子繁殖量大的特点。发病早晚与降雨持续时间长短、降雨日数、降水量关系密切。持续性降雨可促使疮痂病发病早、蔓延迅速和大面积暴发成灾。降雨延迟到 9 月上中旬，疮痂病仍可侵染发病。

(八) 花生菌核病

花生菌核病，又称花生叶部菌核病，是我国花生产区发生的一种新病害，于 1993 年首次在山东省花生研究所莱西试验田被发现。该病在山东、河南和广东等省发生严重，一般造成减产 15%～20%，发病严重的年份达 25%以上。

【病害症状】当花生进入花针期，花生菌核病病菌首先为害叶片，总趋势是自下而上，随着病害发展也可为害茎秆、果针等地上部分，感病叶片干缩卷曲，很快脱落。茎秆上病斑长椭圆或不规则形，稍凹陷，造成软腐，轻者导致烂针、落果，重者全株枯死且在枯萎的枝叶上长出菌核。其症状随着田间湿度的不同而有所变化，在干旱条件下，叶片上的病斑呈近圆形，直径 0.5~1.5cm，暗褐色，边缘有不清晰的黄褐色晕圈；在高温高湿条件下，叶片上的病斑为水渍状，不规则黑褐色，边缘晕圈不明显。

【发病规律】在我国花生产区，菌核病发病初期一般在 7 月上旬，高峰期在 7 月下旬至 8 月中旬。在南方花生产区（以广东省为例），始发期和盛发期相应提早半月左右。病菌以菌核在病残体、荚果和土壤中越冬，菌丝也能在病残体中越冬。病株与健株相互接触时，病部的菌丝传播到健康植株的叶片上，并不断蔓延扩展，进行多次再侵染，也可随着田间操作或地表流水进行传播侵染。高温高湿条件有利于花生菌核病的发生蔓延，如田间连续阴雨温度较高或田间植株过密，易引起菌核病流行。地块低洼或排水不良的田块发病较重。田间发病情况随着重茬年限的延长而逐渐加重。

（九）花生锈病

花生锈病最早于 1882 年由 Balansa 在巴拉圭首次发现，此后在苏联、毛里求斯、印度和中国等地相继发生，成为一种世界性和暴发性的叶部真菌病害，国际半干旱热带地区作物研究所将其定为检疫对象。1973 年我国广东花生锈病大发生，并波及广西、福建等地，随后长江以南地区几乎连年发生，山东和河南等地也相继有发生的报道。随着全球气候逐渐变暖，花生锈病有逐渐向北蔓延的趋势。花生锈病一般造成减产 10%~20%，严重时可达 30%~60%。

【病害症状】花生锈病主要侵染花生叶片，也可为害叶柄、托叶、茎秆、果柄和荚果。花生锈病一般自开花期开始为害，结荚期以后发生严重。先从植株下部叶片发生，逐渐扩展至顶叶，导致叶片黄化。叶片染病初期，在叶片正面或背面出现针尖大小淡黄色病斑，后扩大为淡红色突起斑，表皮破裂露出红褐色粉末状物，即病菌夏孢子。严重发生时，叶片上密生夏孢子堆，整个叶片很快变黄枯萎，整叶枯死，远望似火烧状。病情发展迅速，一般 1~2 周即可导致叶片枯死。病害发生严重时，也可造成茎秆、叶柄、托叶、果柄和果壳感病。

【发病规律】花生锈病的发生流行与气象条件、栽培条件和品种抗性关系密切。适温、高湿、密植利于病害的发生流行。影响锈病的主导气象因素主要有雨水量和持续时间。一般多雨高温的夏季和雾大露重的秋季锈病易流行，台风过后锈病往往也大发生。春季花生早播发病较轻，晚播发病较重；连作地块发病重，轮作发病轻；氮肥过多，密度大，发病重，反之发病轻。

（十）花生褐斑病

花生褐斑病又称花生早斑病，花生生长后期与花生黑斑病常混合发生，有人将两者合称叶斑病。该病是世界性普遍发生的病害，在我国花生产区均有发生，是我国花生上分布最广、为害最重的叶部病害。一般导致花生减产 10%~20%，严重时达 40% 以上。

【病害症状】花生褐斑病主要为害叶片，严重时叶柄、茎秆也可受害。初期形成黄褐色和铁锈色针头大小的病斑，随着病害发展，产生圆形或不规则形病斑，直径达 1~12mm；叶正面病斑暗褐色，背面颜色较浅，呈淡褐色或褐色，气候潮湿时叶片正面产生灰绿色霉层；病斑周围有明显的黄色晕圈；在花生生长中后期形成发病高峰，发病严重时叶片上产生大量连片病斑，叶片枯死脱落，仅剩顶端少数幼嫩叶片；茎部和叶柄病斑为长椭圆形，暗褐色，稍凹陷。

【发病规律】花生褐斑病一般 6—7 月开始发病，7 月下旬至 8 月中下旬为病害盛发期。病菌以子座、菌丝团或子囊腔在病残体上越冬。翌年条件适宜时，菌丝直接产生分生孢子，借风雨传播进行初侵染和再侵染。通常子囊孢子不是病菌主要侵染源，在适宜的温度、湿度条件下，分生孢子反复再侵染，促进病情发展，至收获前可造成几乎所有叶片脱落。花生生长季节夏季、秋季多雨，昼夜温差大，多露、多雾，气候潮湿，病害发生重，少雨，干旱天气则发生轻；花生不同生育阶段植株感病程度差异明显，通常生长前期发病轻，中后期发病重；幼嫩叶片发病轻，老叶发病重。

（十一）花生网斑病

花生网斑病，又称云纹斑病、褐纹病。是花生上发生最为严重的叶部病害之一。1982 年，在我国山东、辽宁花生主产区首次发现并报道花生网斑病。近年来，花生网斑病每年造成花生产量损失达 20% 以上。

【病害症状】花生网斑病主要为害叶片，茎、叶柄也可受害。一般先从下部叶片发生，其叶部症状随发病条件的不同而表现两种典型症状：一种为网纹型，侵染初期菌丝体以菌索状生存于叶表面蜡质层下，呈白网状，随后从侵染点沿叶脉以放射方式向外扩展，呈星芒状，随病斑扩大，颜色由白、灰白、褐至黑褐色，形成边缘不清晰网状斑，病斑不能穿透叶片；另一种为污斑型，侵染初期为褐色小点，逐渐扩展成近圆形、深褐色污斑，边缘较清晰，周围有明显的褪绿斑，此时病斑可穿透叶片，但叶背面病斑稍小。

病斑坏死部分可形成黑色小粒点，为病菌分生孢子器。叶柄和茎受害，初为褐色小点，后扩展成长条形或椭圆形病斑，中央稍凹陷，严重时可引起茎、叶枯死。叶柄基部有不明显的黑褐色小点，为病菌的分生孢子器。

【发病规律】花生网斑病一般在花针期开始发生，8—9月为盛发期。病菌以菌丝、分生孢子器、厚垣孢子和分生孢子等在病残体上越冬。翌年主要以分生孢子和厚垣孢子进行初侵染。条件适宜时，当年产生的分生孢子借风雨、气流传播到寄主叶片上，萌发产生芽管直接侵入。花生网斑病的发生主要与气候条件和栽培条件关系密切。该病发生及流行适宜温度低于其他叶斑病害，湿度往往是该病发生流行的一个限制性因素，在花生旺盛生长的7—8月，持续阴雨和偏低的温度对病害发生极为有利，尤其是阴湿与干燥相交替的天气，极易导致病害大流行；该病平地明显重于山岗地；田间郁蔽，通风透光条件差，小气候温度降低、湿度人，花生网斑病易发生。

（十二）花生黑斑病

花生黑斑病在花生整个生长季节都可发生，但发病高峰多出现于生长的中后期，故又有"晚斑病"之称，为国内外花生产区常见的叶部真菌病害之一。受害花生一般减产10%~20%。

【病害症状】花生黑斑病主要为害叶片，严重时可为害叶柄、托叶和茎秆等。黑斑病和褐斑病可同时混合发生。黑斑病病斑一般比褐斑病小，直径1~5mm，近圆形或圆形。病斑呈黑褐色，叶片正反两面颜色相近。病斑周围通常无黄色晕圈，或有较窄、不明显的淡黄色晕圈。在叶背面病斑上，常产生许多黑色小点（病菌子座），呈同心轮纹状，并有一层黑褐色霉状物，即病菌分生孢子梗和分生孢子。病害严重时，产生大量病斑，引起叶片干枯脱落。病菌侵染茎秆，产生黑褐色病斑，凹陷，严重时使茎秆变黑枯死。

【发病规律】病菌以子座或菌丝团在病残体上越冬，翌年在适宜条件下，分生孢子借风雨传播，孢子落到花生叶片上，遇适宜温度和水滴，萌发产生芽管，直接穿透表皮进入组织内部，产生分枝型吸器汲取营养。病菌生长温度为 10~37℃，适温为 25~28℃，并需要高湿环境，高湿更有利于孢子产生和萌发。秋季多雨、气候潮湿，病害重；少雨干旱年份发病轻；土壤瘠薄、连作田易发病；老龄化器官发病重；底部叶片较上部叶片发病重。

（十三）花生根结线虫病

花生根结线虫病又称花生地黄病，是一种具有毁灭性的花生病害。我国山东、河北、辽宁、河南、广东、广西和四川等地均有发生。发病程度以北方花生产区最重，其中以山东、河北、辽宁 3 省发病严重，受害花生一般减产 20%~30%，重者达到 70%~80%，局部产区甚至绝收。

【病害症状】花生根结线虫对花生的地下部分（根、荚果、果柄）均能侵入为害，主要侵害根系，影响水分与养分的正常吸收运转，导致叶片黄化、瘦小、叶缘焦灼，甚至盛花期植株萎缩、发黄；病株根系形成大量根结，要特别注意根结与根瘤的区别。根结串生，呈不规则状，表面粗糙，并有许多小毛根，剖视可见乳白色沙粒状雌虫；根瘤侧生，圆形或椭圆形，表面光滑，不长小毛根，剖视可见肉红色或绿色根瘤菌液。

【发病规律】花生根结线虫以卵、幼虫在土壤中越冬，包括土壤和粪肥中的病残根上的虫瘿以及田间寄主植物根部的线虫。因此，病土、带有病残体的粪肥和田间寄主植物是花生根结线虫的主要侵染来源。田间传播主要通过病残体、病土、带线虫肥料及其他寄主根部的线虫经农事操作和流水传播。根结线虫在卵内蜕第一次皮，成为二龄幼虫侵染花生根部。幼虫在土温 12~34℃均能侵入根系，最适温度是 20~26℃，4~5d 即能侵入，土壤含水量 70%左右最适宜根结线虫侵入。花生根结线虫病多发生在沙土地和质地疏松的土壤，尤其是丘陵地区的薄沙地、沿河两岸的沙滩地发病严重。

第三节 连作障碍产生机理

目前有关作物连作障碍机理和缓解措施的报道较多，但花生连作障碍直到 20 世纪 90 年代后才开始进行较为系统的研究，近年来取得了较大进展。研究认为导致连作障碍产生的原因多种多样，其机理也非常复杂，而且不同作物产生连作障碍的原因也各不相同。纵观国内外的研究结果，一般认为，连作障碍的产生机理主要包括以下 3 个方面，即微生物群落结构失衡、化感自毒作用、土壤理化性质恶化。

一、微生物群落结构失衡

土壤微生物在植物健康中发挥着重要的作用，国内外学者关于连作土壤微生物群落失衡问题上的研究结果是一致的。长期连作会导致土壤微生物群落多样性降低，有害微生物种群增加。

（一）土壤微生物区系变化

土壤微生物总量、活性和有益微生物数量是判断土壤质量或健康状况的重要指标。作物连作，由于种植制度和管理方法相同，为土壤及根际微生物创造了相对稳定的微生态环境，定向影响着土壤及根际微生物的生长发育和繁殖，由此改变了轮作条件下微生物群落的多样性水平，造成微生物种群失衡，并最终影响土壤生物学活性。土壤中存在大量微生物，在腐解残株的同时，其自身也产生代谢产物，这些代谢产物会对植物产生有利或不利的影响，并且还能影响生化互作物质在土壤中的转化。大豆连作与土壤微生物变化关系密切，我国研究者分别对黑土、白浆土和草甸土区大豆轮作、迎茬和连作 1~6 年大豆田土壤微生物变化进行了大量研究，一致认为与轮作相比，连作 1~6 年土壤微生物三大类群变化的主要特征是细菌总量减少、真菌总量增加和放线菌变化表现不规律。

土壤微生物是个广义范畴，它包括根表面、根际和非根际等土壤中的微生物。大豆根际土壤微生物总数明显高于非根际，三大微生物类群的根土比（R/S）均大于 1。轮作与连作 3 年大豆根际和非根际土壤微生物三大类群中均以细菌数量最多，占总菌数的 90.3% 以上，但连作 3 年细菌数量低于轮作；放线菌数量总体变化幅度不大，真菌数量有显著变化，连作 3 年明显高于轮作。连作 3 年根际土壤细菌、放线菌占 95.6%，低于轮作 3.4%，非根际占 96.3%，低于轮作 2.8%，连作 3 年大豆根际细菌和放线菌减少，真菌数量增加。连作 3 年以上，大豆根际或非根际仍以细菌最多，占土壤微生物总数的 70%~90%，其次为放线菌，真菌数量最少。顾美英（2009）对新疆绿洲棉田进行调查，研究显示出不同连作年限棉花根际土壤微生物的数量变化规律，在连作 8 年时细菌数量达到最大，为 $1.39×10^6$ CFU/g 干土，分别是未开垦荒地的 4.25 倍，但随着连作年限的延长细菌数量开始趋向减少，连作 20 年以后细菌数量仅为连作 8 年的 61.22%，然而真菌数量总体上呈现增加趋势，连作 20 年时真菌数量最多，达到 $3.846×10^3$ CFU/g 干土，分别是未开垦荒地、连作 6 年、连作 8 年、连作 15 年的 113 倍、24 倍、2 倍、2.6 倍。放线菌数量变化规律不明显。郭利于 2009 年在襄樊市南漳县长坪镇阳太平村 3 组烟田进行试验，对不同连作年限的烟田土壤中细菌、固氮菌、放线菌和真菌进行分离，对微生物不同种群进行数量和多样性分析结果表明，在连作 10 年内，细菌的数量随着连作年限的延长而增大；连作年限在 10 年以上，细菌数量随着连作年限的延长而呈现减小趋势；在连作 15 年内，固氮菌和放线菌数量随着连作年限的延长而增大。连作年限在 5 年以内，根际土和非根际土中微生物多样性指数 H 和均匀度指数 E 随连作年限的延长而增大，连作年限在 5 年以上，根际土和非根际土中微生物多样性指数 H 和均匀度指数 E 随着连作年限的延长而呈现减小趋势。李琼芳（2006）发现，麦冬连作使细菌和放线菌数量下降，并随连作年限的增加数量下降明显；真菌数量随连作年限的增加而增加。胡元森（2005）研究了黄瓜根部土壤主要微生物类群随连作茬次的反应，并着重用变性梯度凝胶电泳（DGGE）监测黄瓜根际未培养优势菌群的动态变化。结果表明，随着连作茬次增加，土壤可培养微生物数量减少，其中细菌数量降低更为明显，对连作表现出较高的敏感性，放线菌对黄瓜连作反应稍滞后，至第三茬时开始呈现降低趋势。黄瓜连作致使少数真菌种群富集，同时多种真菌类群数量减少，种群变化呈现单一化趋势，多样性水平降低。作物连作形成了特定的土壤环境和根际条件，从而影响了土壤及根际微生物的繁殖和活动。细菌与真菌的比值变小，连作使细菌型土壤向真菌型土壤转化。不少学者研究认为，真菌型土壤是地力衰竭的标志，细菌型土壤是土壤肥力提高的一个生物指标。

（二）土壤中有害微生物增加

土壤微生物（尤其是根际微生物）与植物宿主形成相应的共生关系，且不同的作物根际微生物种群结构不同，同一种作物长期连作，作物与微生物相互选择的结果造成了某些寄生能力强的种群在根际土壤中占突出优势，与此同时，也会出现一些病原细菌、真菌以及线虫等因拮抗菌数量减少而数量激增，使原有的根际微生态平衡被打破，共生关系扰乱，从而影响植物的正常生长和生命活动，严重的危及植物的生命，进而减产。研究人员认为，单一的一种微生物不会造成生物性连作障碍，而是连作改变了土壤的微生物组成、根际和非根际微生物的繁殖和活性。当然也并不是所有的土壤微生物都直接影响了作物的生长，连作过程中有害微生物数量增加才是引起连作障碍的重要因子。陈立杰（2007）经过两年的定点试验，对大豆田中感病品种辽 11 的根围土和根系上的孢囊线虫进行分离和染色观察，发现连作大豆田的孢囊线虫数量显著高于轮作，而且随连作年限的增加，孢囊线虫的积累数量也显著增加，侵入根系内的 J2 龄期线虫数量也急剧增加，J3 和 J4 龄期幼虫发育良好，因此形成的孢囊数量更多，为下一轮的侵染提供充足的虫口基数。与之相反，轮作条件下大豆田中孢囊数量和根系内的各龄期孢囊线虫数量都远低于连作，因为 J2 龄期线虫侵入数量少，发育成 J3 和 J4 龄期幼虫的数量更少，根上和土壤中的孢囊积累数量自然就很少。

连作土壤中有害微生物增加是因为连作提供了病原菌赖以生存的寄生和繁殖场所。大量调查表明，发生作物连作障碍的地块是由土壤传染性病虫害加重而引起的，作物残体上病原菌积累，使土传病害严重发生，土传病害是引起连作障碍的重要因素，特别是近年来，由于化肥使用过量带来土壤中病原菌拮抗菌数量的减少，更加重了土传病害的发生。马铃薯在连作后，其干腐病主要是由于镰刀菌的大量繁殖造成的，随着连作年限的增加，有害真菌（病原菌）的种类和数量增加。陈志杰（2008）对不同连作年限黄瓜病害发病率（或发病程度）进行方差分析表明，黄瓜灰霉病、霜霉病连作 2 年与对照（0 年）发病率（发病程度）之间差异不显著，连作 4

年、6 年和 8 年与对照之间差异达极显著水平。生长点消失症、根腐病、疫病连作 2 年均与对照发病率差异达极显著水平。

（三）连作对花生土壤微生物区系的影响

健康的微生物群落是作物良好生长的前提条件之一，那么作物在连续种植之后，土壤中病原菌的增加势必会打破根际正常的微生物群落结构，使微生物多样性水平降低，病原拮抗菌亦减少，从而导致土壤质量下降，作物减产等现象。因此研究连作土壤中微生物种群的变化，进一步明确微生物群落中的优势功能菌，可人为引入一些特殊功能菌群和有益土壤微生物种群，恢复原有的微生物群落，进而抑制病原菌增殖，为从根本上解除连作障碍奠定坚实的理论基础。但迄今为止，对花生连作土壤微生物区系随连作茬次变化的研究还鲜见报道，也未探明连作条件下根部微生物区系的演替规律。为此，笔者团队对花生连作根系微生物种群连续性变化进行了跟踪研究，试图从根际微生态角度去重新理解连作障碍问题，为揭示连作障碍的成因提供理论支持。

1. 材料与方法

（1）供试品种与土壤

花生品种为化育 16，该品种属近普通型大花生品种，株型直立，抗旱耐涝性强，生育期 130d 左右。土壤取自于辽宁省沈阳市康平县海州乡杨家村，分别选择连作 3 年玉米（2006 年、2007 年、2008 年）地块作为 1#供试土壤、种植 1 年花生（2008 年）地块作为 2#供试土壤、连作 3 年花生（2006 年、2007 年、2008 年）地块作为 3#供试土壤、连作 5 年花生（2004年、2005 年、2006 年、2007 年、2008 年）地块作为 4#供试土壤，土壤类型为风沙土，土壤质地为沙壤土，4 个地块的管理措施相同，每年播种前均基施三元复合肥 450kg/hm^2（氮、磷、钾含量为 15-15-15），花针期追施尿素 450kg/hm^2。每块地采用 5 点取样法，去掉表层土后，采集 0~20cm 土层的土壤，每个样点取 50kg 土壤，同一土样混匀后即作为花生栽培土壤。

（2）供试培养基和试剂

真菌培养采用马丁氏培养基，细菌培养采用牛肉膏蛋白胨培养基，放线菌培养采用高氏一号培养基，生理菌群采用蛋白胨氨化培养基、改良的斯蒂芬森培养基、反硝化细菌培养基和阿须贝氏培养基。供试试剂为奈氏试剂、格利斯试剂和二苯胺试剂。

（3）盆栽花生

塑料盆上口直径 32cm、下口直径 25cm、高 22cm，每盆装土壤 10kg，试验设 4 个处理，分别为正茬（栽培土壤为 1#）、连作 2 年（栽培土壤为 2#）、连作 4 年（栽培土壤为 3#）、连作 6 年（栽培土壤为 4#），每个处理 9 次重复。每盆播 3 穴，每穴播 2 粒，播种前一次性施用肥料尿素、磷酸二铵和硫酸钾，N 用量为 0.05g/kg 土，P_2O_5 和 K_2O 为 0.1g/kg 土。两周后出苗，出苗后每穴留健苗 1 株。

（4）花生根际土壤和非根际土壤取样

每个处理于花生花针期进行取样。采样前两天浇一次透水，采样时连同花生一同拔起，抖落掉根上较大的土块，晾干研碎后作为非根际土壤样品。抖落掉大块土后，附着在根表面的土壤收集后晾干研碎作为根际土壤样品。

（5）土壤中细菌、放线菌和真菌数量的测定

采用稀释平板测数法。真菌采用稀释度为 $10^{-3} \sim 10^{-1}$，放线菌为 $10^{-5} \sim 10^{-3}$，细菌为 $10^{-6} \sim 10^{-4}$，重复 3 次。接种土壤悬液的培养基凝固后，倒置于 28~30℃恒温箱中培养一定时间（细菌 2~3d，真菌 3~5d，放线菌 5~7d）后取出，细菌和放线菌选取出现菌落数在 20~200 的培养皿，真菌选菌落数在 10~100 培养皿进行计数，结果以每克干土所含数量表示。

$$每克干土中菌数 = \frac{菌落平均数 \times 释释倍数 \times 20}{干土所占百分比}$$

（6）土壤中微生物生理类群测定

①氨化细菌的测定采用稀释平板测数法。选取 4 个稀释度（$10^{-9} \sim 10^{-6}$）的土壤悬液各 1ml，4 次重复，28℃培养 3d，根据培养基的混浊度、菌膜、沉淀、气味、颜色等变化来判断氨化细菌的有无。第 7 天用奈氏试剂定性测试有无氨的产生。从培养试管中吸取 1 滴或 2 滴培养液于白瓷板孔中，如加入 1 滴或 2 滴奈氏试剂后出现棕红色或浅褐色沉淀，即表示培养基内有氨的产生。以测定记录结果，参照稀释法四次重复测数统计表得出数量指标和菌的近似值，参照"MPN 稀释法"计算结果。

②硝化细菌的测定采用稀释平板测数法。选取 6 个稀释度（$10^{-7} \sim$

10^{-2}）的土壤悬液各 1ml，4 次重复，28℃培养 14d 后，吸取培养液 5 滴于白瓷板孔中，加入 1 滴或 2 滴格利斯试剂，如有亚硝酸存在，则呈红色，表示有亚硝酸细菌存在。以测定记录结果，参照稀释法四次重复测数统计表得出数量指标和菌的近似值，参照"MPN 稀释法"计算结果。

③反硝化细菌的测定采用稀释平板测数法。选取 5 个稀释度（10^{-7}～10^{-3}）的土壤悬液各 1ml，4 次重复，28℃培养 14d 后，检查是不是有细菌生长。如有细菌生长，一般培养液变浊，甚至有时有气泡出现，吸取 1 滴或 2 滴培养液于白瓷板孔中，加入 1 滴或 2 滴奈氏试剂后出现棕红色或浅褐色沉淀，即表示培养基内有氨产生；同时用格利斯试剂和二苯胺分别检查是否有亚硝酸和硝酸的存在。以测定记录结果，参照稀释法四次重复测数统计表得出数量指标和菌的近似值，参照"MPN 稀释法"计算结果。

④好氧性自生固氮菌的测定采用稀释平板测数法。选取 4 个稀释度（10^{-4}～10^{-1}）的土壤悬液各 1ml，4 次重复，28℃培养 7d 后，如滤纸上出现褐色菌落，则表示有自生固氮菌的生长。以测定记录结果，参照稀释法四次重复测数统计表得出数量指标和菌的近似值，参照"MPN 稀释法"计算结果。

2. 结果与分析

（1）连作对花生根际、非根际土壤中细菌数量的影响

由表 1-2 可知，土壤中细菌的数量随着连作年限的增加而呈现减少趋势。与非根际土壤相比，根际土壤中细菌的初始量较大（$6.8×10^7$CFU/g），并且随着连作年限的增加，其菌量的减幅愈加明显，连作 6 年时，根际土壤中细菌数量仅为 $1.63×10^7$CFU/g，比正茬减少了 76%。

表 1-2　不同连作年限对根际和非根际土壤细菌数量的影响

连作年限	根际土壤细菌数（CFU/g）	非根际土壤细菌数（CFU/g）
正茬	$6.80×10^7$a	$3.90×10^7$a
2	$3.17×10^7$b	$3.13×10^7$b
4	$2.93×10^7$c	$2.17×10^7$c
6	$1.63×10^7$d	$1.18×10^7$d

注：表中同一列内不同小写字母表示处理间差异达 5%显著水平，下表同。

（2）连作对花生根际、非根际土壤中真菌数量的影响

由表1-3可见，土壤中真菌数量随着连作年限的增加而呈现增加趋势。花生根际土壤中真菌数量的变化尤为突出，连作2年，菌数比正茬增加78.6%；连作4年，增加89.3%；连作6年，增加133.2%，菌数增加幅度十分明显。在花生非根际土壤中真菌数量也存在一定的变化，但与根际土壤相比，变化幅度较小。

表1-3　不同连作年限对根际和非根际土壤真菌数量的影响

连作年限	根际土壤真菌数（CFU/g）	非根际土壤真菌数（CFU/g）
正茬	$2.80×10^4$ d	$2.33×10^4$ d
2	$5.00×10^4$ c	$3.17×10^4$ c
4	$5.30×10^4$ b	$3.70×10^4$ b
6	$6.53×10^4$ a	$4.10×10^4$ a

（3）连作对花生根际、非根际土壤中放线菌数量的影响

由表1-4可见，土壤中放线菌数量随着连作年限的增加而呈现减少趋势。根际土壤中放线菌数量的变化尤为突出，连作2年，菌数比正茬减少了23.9%；连作4年，减少28.6%；连作6年，减少了47.6%，菌数减少幅度较为明显。在非根际土壤中放线菌数量也存在一定的变化，但与根际土壤相比，变化幅度较小。

表1-4　不同连作年限对根际和非根际土壤放线菌数量的影响

连作年限	根际土壤放线菌数（CFU/g）	非根际土壤放线菌数（CFU/g）
正茬	$7.00×10^6$ a	$3.50×10^6$ a
2	$5.33×10^6$ b	$3.33×10^6$ a
4	$5.00×10^6$ c	$2.33×10^6$ b
6	$3.67×10^6$ d	$2.00×10^6$ c

（4）连作对花生根际土壤中主要微生物生理群数量的影响

从表1-5中可以看出，连作2年，氨化细菌数比正茬减少20.02%；连作4年，减少41.44%；连作6年，减少72.5%；连作2年，硝化细菌数比正茬减少34.69%；连作4年，减少72.11%；连作6年，减少87.76%；连

作 2 年，好氧性自生固氮菌数比正茬减少 15.24%；连作 4 年，减少 33.03%；连作 6 年，减少 64.2%；连作 2 年、4 年和 6 年的反硝化细菌数分别比正茬的菌数提高 2.05 倍、3.27 倍和 3.68 倍。以上数据说明花生根际土壤中主要微生物生理群的数量变化受连作年限的影响，并且具有一定的变化规律。

表 1-5　不同连作年限对花生根际土壤中主要微生物生理群数量的影响

连作年限	氨化细菌数（CFU/g）	硝化细菌数（CFU/g）	反硝化细菌数（CFU/g）	好氧性自生固氮菌（CFU/g）
正茬	7.89×10^8a	1.47×10^4a	1.09×10^4d	4.33×10^4a
2	6.31×10^8b	0.96×10^4b	2.24×10^4c	3.67×10^4b
4	4.62×10^8c	0.41×10^4c	3.56×10^4b	2.90×10^4c
6	2.17×10^8d	0.18×10^4d	4.01×10^4a	1.55×10^4d

3. 结论与讨论

结果显示，随着连作年限的增加，花生土壤微生物区系出现显著变化，根际及非根际土壤中的细菌、放线菌数量明显减少，真菌数量明显增加，变化均达到显著水平。无论细菌、放线菌和真菌，正茬及不同连作年限花生根际土壤微生物数量都明显高于非根际土壤，并且花生根际土壤微生物数量变化幅度大于非根际土壤。其中花生连作 6 年时，根际土壤中细菌数量比正茬减少 76%；真菌数量比正茬增加 133.2%；放线菌数量减少 42.9%。花生根际土壤中氨化细菌为优势细菌生理类群，反硝化细菌和好氧性自生固氮菌次之，硝化细菌最少。土壤中氨化细菌、硝化细菌和好氧性自生固氮菌的数量随着连作年限的增加而呈现减少趋势，反硝化细菌数量则随着连作年限的增加而呈现升高趋势，并且各处理间的差异达到显著水平。

二、化感自毒作用

（一）化感作用

化感作用的概念最早是由澳大利亚植物学家 Hans Molisch 在 1937 年首先提出的，经过后人不断补充修正而发展到今天的概念，是指某种类型植物包括微生物通过产生化学物质并排至环境中，而对其他生物的生长发育产生直接或间接的促进或者抑制作用。其产生的化学物质称为化感物质，化感作用是通过化感物质来完成其功能的。化感物质几乎存在于所有的植物器官中，如叶、茎、根、须根、花、果实和种子等，其主要是通过植物地上部的淋洗和挥发，根的分泌，以及植株残体的腐解等途径向农业系统中释放这些化学物质，从而影响周围或后茬作物的生长发育。而化感物质发生作用必须经过适宜途径进入环境，其向环境的释放途径为：①由植物地上部分（主要是叶）分泌，被雨水或雾滴溶解淋洗到土壤中；②通过植物根系分泌到土壤中；③残体腐解物；④地上部挥发物；⑤花粉。目前，国内外研究较多的是植物根系分泌物及根茬腐解物中的化感物质。

化感作用可分为化学他感和自毒作用两种。也就是说，一种作物产生的化感物质，既可以对其他作物产生影响，也可以对自身产生影响。

（二）自毒作用

自毒作用，又称自毒现象（autotoxicity），是化感作用的重要形式之一，当受体和供体同属于一种植物时产生抑制作用的现象，称为植物的自毒作用，即指植物根分泌和残茬降解所释放出的次生代谢物，对自身或种内其他植物产生危害的一种现象。它是植物适应种内竞争的结果。自毒作用是化感作用的一种特殊形式，作物的自身分泌物，茎、叶的淋溶物及残体分解产物所产生的有毒物质（化感物质），其抑制根系生长，降低根系活性，改变土壤微生物区系，有助于病原菌的繁殖，尤其为尖孢镰刀菌的生长创造了适宜的土壤环境，促使枯萎病的产生，导致作物生长不良、发病，甚至死亡，在自然和农业生态系统中很多植物种内都存在自毒作用。

自毒作用是导致植物连作障碍的主要因子之一。连作条件下土壤生态环境对植物生长有很大影响，尤其是植物残体与病原微生物的代谢产物对植物有自毒作用，并连同根系分泌的自毒物质一起影响植株代谢，最终导致自毒作用的发生。近年来，国内外对作物连作障碍中化感作用的研究以根系分泌物和残茬腐解物的自毒作用较多。小麦、玉米、高粱、水稻等禾本科植物，大豆、蚕豆、豌豆、苜蓿等豆科作物，黄瓜、番茄、茄子等蔬菜以及人工林、茶园中均存在一定程度的自毒现象。自毒现象研究较多的作物当属水稻，以我国台湾的双季稻连作为例，双季稻连作之后一般可减产25%左右，台湾学者周昌弘首先对这一问题进行了深入的研究，研究揭示，水稻连作产量降低主要是由于水稻的自毒作用造成的，水稻残茬在土壤微生物存在或无微生物存在的情况下都可以产生酚酸类植物毒素，从而抑制后茬水稻幼苗的生长。同时活体水稻也能从根部分泌一些毒性化合物。这些毒素的产生及进一步的降解，受到温度、光照、土壤湿度、肥力和时间的影响。研究还发现，腐解的水稻秸秆水提物可延缓水稻胚根和植株生长，而且在腐解的第一个月内抑制作用最强，而后抑制作用降低。目前已从水稻秸秆分解产物中分离到了香豆酸、对羟基苯甲酸、丁香酸、香草酸、杏仁酸、阿魏酸、乙酸、丙酸和丁酸。玉米也是不耐连作的作物，试验证明在残留有未完全腐解的玉米秸秆的地块里玉米种子发芽率降低，植株生长不良。有研究发现，玉米秸秆的水提物抑制玉米种子的发芽和幼苗的生长，这进一步证明玉米自毒作用的存在。小麦的自毒作用在秸秆还田中表现十分明显，秸秆还田是为了改善土壤条件，然而这种措施往往会导致小麦本身发芽和生长受阻，产量下降。进一步的研究发现，小麦秸秆和种植过小麦的土壤浸提液明显抑制小麦的发芽和幼苗生长，并且已从小麦秸秆中分离出了香豆酸、对羟基苯甲酸、丁香酸、香草酸、阿魏酸等化感物质。韩丽梅（2002）等采用 GC-MS 分析法，鉴定了由水培试验方法获得的 2 周、8 周大豆根分泌物的二氯甲烷提取物，由培养试验获得的大豆根茬腐解2 周、4 周、8 周产生的有机化合物的酸、碱性组分产物，并对其化感作用进行了初步研究。结果表明，能被二氯甲烷提取出来的根分泌物和大豆根茬腐解产物十分丰富，包括酸类、酯类、醇类、醛类、酚类、酮类、苯类和烃类等物质，其中有些有机化合物已被研究证明是化感物质，还有些未见报道。与对照比较，2 周、8 周大豆根分泌物对大豆种子萌发、8 周根分泌物对胚根生长未表现出显著抑制作用，但 2 周根分泌物对胚根生长却表现出极显著的化感抑制作用。不同腐解时间产生的有机化合物有一定差异；对腐解产物进行生物检测试验，发现大豆根茬腐解 2 周、4 周、8 周产生的有机化合物其酸性、碱性组分均抑制了大豆种子萌发和胚根生长；根茬腐解产物酸、碱性组分处理的胚根长与对照比较差异达显著或极显著水平，酸性组分的化感抑制作用大于碱性组分。

浙江大学喻景权课题组先后报道了黄瓜、豌豆、番茄、西瓜和甜瓜植物根系分泌物和残茬所引起的自毒作用。其中，黄瓜根系分泌物引起的自毒作用抑制率最高，并用树脂收集、分离、鉴定出黄瓜根系分泌物中的毒性物质主要是酚酸类化合物、苯丙烯酸、苯甲酸、对羟基苯甲酸等物质。研究证明，黄瓜根系分泌物中含有苯甲酸、对羟基苯甲酸、2，5-二羟基苯甲酸、苯丙烯酸等 11 种酚酸类物质，其中有 10 种具有生物毒性。当黄瓜连续种植时，根系分泌释放的酚酸类物质积累达到一定浓度，就会抑制下茬黄瓜的生长。西瓜连作时出苗率降低，根系分泌物及新鲜的西瓜根、茎、叶组织中都含有酚酸类生长抑制物质，而且根、茎、叶提取物的生物活性与酚酸的浓度呈正相关，这一结果证实了西瓜连作障碍中的自毒作用。20世纪 40—50 年代的研究就已经显示番茄及茄子植株的残茬分解物、栽培后的土壤以及培养液均具有抑制其自身生长的作用。研究人员已从番茄根中提取了包括香草酸在内的几种生长抑制物质，有的研究也表明根系分泌物中含有抑制自身生长的物质，并已经从番茄根系分泌物中鉴定出对羟基苯甲酸等多种生物活性物质。此外，草莓根系分泌的有毒物质对草莓自身的生长也具有抑制作用，并且随着连作年限的延长，有毒物质含量会增多，对草莓的危害程度也会增大。甄文超（2005）等运用组织培养技术提取草莓根系分泌物，并对其自毒作用进行了测定，结果表明，在含有根系分泌物的生根培养基中定植的草莓组培苗其生根、根系生长均受到不同程度的抑制。生物量显著下降，而且根系分泌物对草莓幼苗根系生理活性具有抑制作用，证明了草莓根系分泌物的自毒作用，连作条件下田间根系分泌物逐年积累后产生的自毒作用可能是草莓再植病害发生的重要原因。

（三）花生自毒作用研究

在植物界中，几乎所有的植物都或多或少地含有化感作用的物质成分，会产生不同程度的化感自毒作用，这是物种进化过程中竞争生存的必然。许多作物，如水稻、玉米、小麦、大麦、高粱、向日葵、大豆、棉花、油菜等都具有化感自毒作用。当前国内外对花生化感作用的研究还较少，而对花生植株浸提液对自身的自毒作用还鲜见报道。课题组通过盆栽试验及生物测试，研究了花生植株、花生土壤水浸提液对其种子萌发和幼苗生长的化感效应，并采用 HPLC 技术，有针对性地检测了不同连作年限花生根际土壤中酚酸类物质的种类及含量，其结果对揭示花生连作障碍内因，构建高效合理的花生轮作、连作模式提供理论依据。

1. 材料与方法

（1）供试品种与土壤

与一、（三）1.（1）相同。

（2）标准品和试剂

对羟基苯甲酸、苯甲酸、香草酸、香豆素、香豆酸为标准样品，香草醛为高纯试剂。流动相使用的甲醇为色谱醇。液相色谱用水为高纯水，所有流动相均过 0.22μm 微孔滤膜。

（3）盆栽花生

与一、（三）1.（3）相同。

（4）花生根际土壤、茎和叶水浸液制备

花针期时采集正茬花生 0~20cm 根区土壤，多点采样并混合，风干研磨后过 18 目筛，按一定土水比例浸泡于烧杯中，充分振荡后静置过夜，离心（2 000r/min，24℃，10min），取上清液过滤，将滤液经过 51℃旋转蒸发浓缩仪减压浓缩，参考当前化感研究普遍使用的浓度，最后将水浸液定容配制成 4g/10ml（即相当于 4g 干重土壤样品浸于 10ml 去离子水中）、8g/10ml、16g/10ml 的水浸液放入 4℃冰箱中备用。

花针期时取正茬花生整棵，分成茎、叶两部分，晾干、剪切成 1cm 小段，按 1g/10ml 的比例使用去离子水浸泡 24 h，过滤后将滤液经过 51℃旋转蒸发浓缩仪减压浓缩，最后定容配制成 4g/10ml、8g/10ml、16g/10ml 的水浸液，放入 4℃冰箱中备用。

（5）不同水浸液对花生种子萌发影响的生物检测

挑选大小相当的花生种子 20 粒放于铺有滤纸的培养皿（15cm）中，分别加入等量 4g/10ml、8g/10ml、16g/10ml 的 3 种浓度土壤、茎、叶水浸提液 2ml 培养，以加无菌水为对照。25℃恒温光照培养 7d，5d 后测定发芽势，7d 后测定发芽率、根长，计算发芽指数。

（6）花生根际土壤中酚酸类物质的检测

花针期时分别取正茬、连作 2 年、连作 4 年和连作 6 年花生根际土壤阴凉处风干，研磨过 40 目筛后取土样 20g，加入蒸馏水 20ml，搅拌后摇床振荡 2h，室温下，8 000r/min 离心 10min，取上清液置于 51℃旋转蒸发仪蒸发至干，加高纯水定容至 2ml，过 0.22μm 微孔滤膜作为土壤样品。

安捷伦 1100 液相色谱仪，Aglient 1100 泵系统，二极管阵列检测器（DAD）。分离柱采用资生堂 ODS-C18 柱（250mm×2.1mm，5μm），检测波长 λ=280nm，柱温 35℃，进样量 10μl，流动相组为甲醇和 0.5%甲酸（甲醇：0.5%甲酸=25：75），流速为 1.0ml/min。

在确定的色谱条件下测定不同质量浓度的标准混合液，以各梯度质量浓度为纵坐标，峰面积为横坐标，计算得到各种酚酸类物质的标准曲线见表 1-6，6 种酚酸标样液相色谱图见图 1-1。

表 1-6 标准品在选定色谱条件下的标准曲线

标准样品	标准曲线	回归系数
对羟基苯甲酸	$Y=829.83X-0.743$	0.996
苯甲酸	$Y=272.73X+0.252$	0.999
香草酸	$Y=504.084X-2.165$	0.995
香豆素	$Y=2\ 305.532X-6.89$	0.998
香豆酸	$Y=829.83X-0.743$	0.999
香草醛	$Y=1\ 680.965X-5.90$	0.998

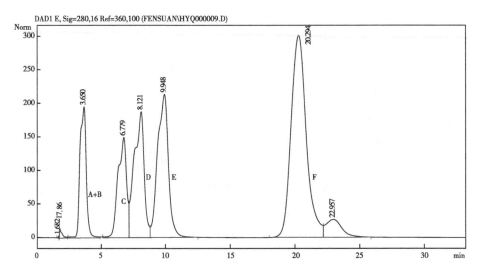

A. 苯甲酸；B. 香豆酸；C. 对羟基苯甲酸；D. 香草酸；E. 香草醛；F. 香豆素。

图 1-1 6 种酚酸混合标样色谱图

（7）数据处理

响应指数 RI（response index）作为衡量花生不同部位及土壤水浸液自毒效应的大小。即：

$$RI = 1 - C/T \quad 当 T \geq C;$$
$$RI = T/C - 1 \quad 当 T < C.$$

式中，C 为对照值，T 为处理值，RI>0 为促进，RI<0 为抑制，定义对照的 RI 值为 0，绝对值的大小与作用强度一致。

2. 结果与分析

（1）花生植株不同部位及根际土壤水浸液对其种子萌发的自毒作用

花生植株不同部位及根际土壤水浸液对花生种子萌发有较大影响（表1-7）。经花生根际土壤、茎和叶的水浸液处理后，花生种子的发芽率、发芽势、发芽指数和根长均低于 CK，即不同浓度的花生根际土壤、茎和叶的水浸液均对其种子萌发存在一定的抑制作用，且抑制作用强度随着水浸液浓度的增大而增强。根际土壤、茎和叶水浸液在浓度 4g/10ml 时，其种子发芽率分别为 60%、63% 和 68%，而在浓度 16g/10ml 时则分别为47%、60% 和 28%。种子发芽率均随着水浸液浓度的增大而降低，抑制作用增强，不同浓度根际土壤和叶水浸液间存在显著差异。根际土壤、茎和叶水浸液在浓度 4g/10ml 时，其种子发芽势分别为 35%、12% 和 12%，而在浓度 16g/10ml 时则分别为 28%、2% 和 0。种子发芽势也随着水浸液浓度的增大而降低，抑制作用增强，不同浓度茎、叶水浸液均与对照存在显著差异。根际土壤、茎和叶水浸液在浓度为 4g/10ml 时，其种子发芽指数分别为 2.67、2.14 和 2.3，而在浓度为 16g/10ml 时，种子发芽指数则分别为 2.09、1.84 和 0.86。种子发芽指数也随着水浸液浓度的增大而降低，抑制作用增强，不同浓度茎、叶水浸液存在显著差异。根际土壤、茎和叶水浸液在浓度 4g/10ml 时，其根长分别为 2.11cm、1.97cm 和1.69cm，而在浓度 16g/10ml 时则分别为 1.83cm、1.54cm 和 1.31cm。根长也随着水浸液浓度的增大而降低，抑制作用增强，不同浓度茎、叶水浸液均与对照存在显著差异。

表1-7 花生植株不同部位及根际土壤水浸液对其种子萌发指标的影响

水浸液	浓度 w/v	发芽率/×100%	RI	发芽势/×100%	RI	发芽指数	RI	根长 (cm)	RI
土壤	CK	0.68±0.17a	—	0.35±0.18a	—	2.95±1.10a	—	2.22±0.91a	—
	4g/10ml	0.60ab	-0.12	0.35±0.09a	—	2.67±0.98a	-0.09	2.11±0.34a	-0.05
	8g/10ml	0.60ab	-0.12	0.30±0.07a	-0.14	2.63±0.95a	-0.11	2.08±0.34a	-0.06
	16g/10ml	0.47±0.12b	-0.31	0.28±0.08a	-0.20	2.09±0.83a	-0.29	1.83±0.21a	-0.18
茎	CK	0.70±0.29a	—	0.30±0.11a	—	2.82±0.96a	—	3.57±1.14a	—
	4g/10ml	0.63±0.12a	-0.10	0.12±0.05b	-0.60	2.14±0.84b	-0.24	1.97±0.13b	-0.45
	8g/10ml	0.67±0.06a	-0.04	0.08±0.01b	-0.73	2.18±0.85b	-0.23	1.86±0.13b	-0.48
	16g/10ml	0.60±0.09a	-0.14	0.02±0.01c	-0.93	1.84±0.67b	-0.35	1.54±0.04c	-0.57
叶	CK	0.70±0.19a	—	0.25±0.03a	—	2.54±0.81a	—	2.47±1.09a	—
	4g/10ml	0.68±0.13a	-0.03	0.12±0.02b	-0.52	2.30±0.77a	-0.09	1.69±0.19a	-0.32
	8g/10ml	0.62±0.14a	-0.11	0.08±0.01bc	-0.68	2.04±0.71a	-0.20	1.55±0.12bc	-0.37
	16g/10ml	0.28±0.13b	-0.60	0c	-1.00	0.86±0.29b	-0.66	1.31±0.26c	-0.47

（2）不同连作年限花生根际土壤中酚酸类物质的种类及含量

不同连作年限的花生根际土壤样品中，酚酸物质主要有对羟基苯甲酸、香草酸、香豆酸和香豆素，其中香草酸和香豆素含量较高且变化规律性明显（表1-8），香豆酸和对羟基苯甲酸含量较低，且变化没有规律。香草酸和香豆素两种酚酸在土壤中的含量随连作年限的增加而上升。正茬土壤中香草酸含量最低，为0.059μg/g干土，连作6年后土壤中的含量最高，为0.289μg/g干土，是正茬的4.90倍。香豆素含量变化规律与香草酸相同，正茬土壤中含量最低，为0.008μg/g干土，连作6年后土壤中的含量最高，为0.025μg/g干土，是正茬的3.12倍。两种酚酸物质含量相比，土壤中香草酸的含量较高，连作6年后土壤中的含量达到0.289μg/g干土，显著高于香豆素在土壤中的含量，是其11.56倍。连作6年后土壤中两种酚酸物质含量达到0.314μg/g干土，高于连作4年及2年的土壤中含量，且显著高于正茬土壤中含量（0.067μg/g干土），是其4.69倍。

表1-8 不同连作年限花生根际土壤中酚酸种类及含量

连作年限	香草酸 （μg/g 干土）	香豆素 （μg/g 干土）	总含量 （μg/g 干土）
正茬	0.059±0.002	0.008	0.067±0.003
2	0.132±0.010	0.019±0.001	0.151±0.011
4	0.187±0.050	0.021±0.001	0.208±0.051
6	0.289±0.060	0.025±0.001	0.314±0.061

3. 结论与讨论

结果显示，花生植株和根际土壤水浸液对其种子萌发和幼苗生长具有一定的自毒作用，且作用强度随浸提液浓度的增大而增强，具有浓度梯度效应。不同连作年限的花生根际土壤样品中，酚酸物质主要有对羟基苯甲酸、香草酸、香豆酸和香豆素，其中香草酸和香豆素含量较高且变化规律性明显，香豆酸和对羟基苯甲酸含量较低，且变化没有规律。香草酸和香豆素两种酚酸在土壤中的含量随连作年限的增加而上升。

值得注意的是，虽然从花生根际土壤中仅发现了两种酚酸物质，且其在土壤中的含量并不高，而作物根际土壤中的酚酸物质种类是十分丰富的，因此，笔者认为尽管从花生根际土壤中鉴定出了一些化感物质，但它们并不能代表花生根际土壤中的全部化感物质种类，应对其种类进一步进行鉴定。另外，之所以选择首先鉴定花生根际土壤中酚酸物质种类及含量，是因为在不破坏作物根系的情况下，从作物根系分泌物中收集化感物质十分困难。因为作物根系分泌的化感物质含量一般都很低，而且收集过程中容易受到其他物质的干扰，而土壤中化感物质来源众多，植物可以通过根系分泌、根茬腐解、茎叶淋洗等多种途径向环境中释放化感物质。但对土壤中酚酸物质进行鉴定的弊端也显而易见，进入土壤中的酚酸类化感物质很容易被土壤吸附或在微生物作用下转化为其他的物质，并可能会改变化感强度。土壤结构、理化性状与化感物质在土壤中的滞留吸收有很大的相关性，土壤 pH 值也可间接影响化感物质的产生和降解，尤其是植物残株在土壤中分解的化感作用途径。除了土壤结构和理化性状外，土壤微生物对植物残株分解产生化感物质起着决定性作用，进入土壤的酚酸物质经过 7d 培养后检测残留率，对羟基苯甲酸为 10.4%、香草醛为 4.1%、阿魏酸为

2.25%，说明 82.5%~97.75% 的酚酸被微生物分解或被微生物的生长活动而消耗，往往使得在土壤中可逆吸附的酚酸类化感物质（如阿魏酸和香豆酸等）在土壤中不能累积到活性的浓度。在研究中发现花生根际土壤中酚酸物质含量较低，这可能与上述几个原因有关。因此，花生连作土壤中是否还存在其他的酚酸类物质及该类物质，是否对花生的生长发育、花生根际土壤中微生物群落结构造成一定的影响，有待深入研究。

三、土壤理化性质恶化

（一）土壤养分失衡

某种特定作物对土壤中矿质营养元素的需求种类及吸收的比例是有特定规律的，尤其是对某种类的微量元素更有特殊需求。同一种作物长期连作，必然造成土壤中某些元素的亏缺，在得不到及时补充的情况下，便会影响下茬作物的正常生长，使得抗逆能力下降，病虫害发生严重，从而导致产量和品质下降。土壤有机质和氮素水平的改变通常会引起土壤微生物群落及土壤化感物质的变化。植物根与根际区土壤间不断地进行着物质和能量的交换，土壤中养分缺乏是限制许多植物生长发育的重要因素之一，因此土壤养分含量是监测土壤质量的一个重要指标。研究表明，随着大豆连作年限增加，土壤中速效钾、速效氮、有效锌和有效硼含量降低，引起大豆发育不良。胡宇（2009）研究表明，甘肃省定西市唐家堡地区土壤全氮、碱解氮、全磷、速效磷、全钾、速效钾含量均随着连作年限的增加而呈现下降的趋势。日光温室中黄瓜连作年限增加，土壤中 pH 降低，有机质和有效铁含量升高，而有效锰、有效铜、有效锌等微量元素含量降低，进而影响土壤中微生物及土壤酶活性，导致产量下降、品质降低。随着连作年限的增加，土壤的养分限制因子增加，对平衡施肥的需求越来越迫切。小麦连作较小麦-鹰嘴豆轮作土壤中磷含量迅速下降，为保障第三茬小麦产量，需在连作土壤中多追施磷肥。但不同类型作物连作对土壤有机碳、土壤中氮、磷、钾形态及含量的影响有一定差异。范君华（2008）对南疆不同连作年限棉田的土壤养分、土壤酶活性、土壤微生物数量及其相关性进行研究，结果表明：有效 Fe、Cl^-、SO_4^{2-}、Ca^{2+}、Mg^{2+}、总盐、Na^+、pH 值减少，K^+、速效 K 含量 15 年减少 20 年增加。百合连作根际土速效钾含量极显著低于非根际土，土壤中钾的严重亏缺可能是限制连作百合产量和质量的重要因子。大豆连作降低了土壤锌的生物有效性，使植株体内锌营养不足，从而导致连作大豆植株生长受阻，光合效率降低，氮磷代谢受到影响，抗逆性降低，病虫害加剧，产量降低。栽培苍术根际区土壤全氮、有机质和碱解氮显著低于当地野生苍术根际区土壤，甚至低于或等于所研究的几个样地中土壤养分含量最低的茅山样品，其原因可能是栽培苍术连作使土壤养分发生非均衡性变化。随着种植人参年限的增加，床土酸度有增加的趋势；床土中盐分、硝态氮也随之增加，但分布不均匀，随着季节与床土含水量的变化，有明显的表聚现象；床土含磷量随磷肥用量的增加而大幅度增高。

（二）土壤酸化

土壤 pH 值影响着土壤中矿质养分的活化和有效性，从而间接影响着植物根系对养分的吸收和利用。土壤中有机态养分要经过各种土壤微生物参与，才能使之转化为速效养分供应植物吸收，而除真菌喜酸外，细菌主要生活在中性环境，放线菌则适宜中性至碱性环境，且土壤中养分的有效性一般也以接近中性反应时为最大。因此，土壤的酸性太强会引起土壤有效养分缺乏，导致微生物区系发生改变，使得有益微生物减少而有利于真菌类病原微生物的滋生繁衍。孙磊（2008）通过对黑龙江省农业科学院土壤肥料与环境资源研究所大豆连作长期定位试验小区采集的大豆根际土壤样本分析表明，土壤 pH 值随连作年限增长而逐年下降。邓阳春（2010）选择贵州省适宜烤烟连作的灰岩黄壤和不宜连作的第四纪黄壤，连续进行 6 年的盆栽试验，结果表明，烤烟连作使土壤 pH 值总体上呈缓慢降低的趋势，其中，灰岩黄壤连作 3 季后较原初土壤明显降低。连作至第 6 季，灰岩黄壤从原初的 pH 值 6.76 降低到 6.37；第四纪黄壤从原初的 pH 值 5.65 降低到5.56。百合等随着连作年限的增加，土壤出现明显变酸的趋势，并且变酸程度逐渐扩大，这可能是百合和丹参等连作导致病害发生严重的原因之一。朱新萍（2009）研究发现，新疆北疆棉田土壤普遍呈偏碱性，随连作时间增加，土壤 pH 值下降，有机质含量逐渐升高。另外土壤的酸性太强还会引起矿质元素间的拮抗作用和对植物的毒害作用，如磷素在酸性时由于可溶性铁、铝增加，有效磷易被固定而降低其有效性。而当土壤碱性增加时，则又使有效钙和磷积累过多，引起土壤板结和铁、锰、锌、硼等不溶，最终导致植物缺素症的产生。刘文利（2006）在吉林省龙井市近郊的光新村龙池菜队采集了不同连作年限的番茄保护地土壤和与其邻近的露地土壤，总计 36 个土壤样品，分别对其土壤养分含量进行测定分析，结果表明，番茄保护地土壤样品 pH 值的平均水平为 5.5，低于正常生长的 6.0 的水平，接近酸性土壤，而露地土壤 pH 值为 6.5，这说明番茄保护地土壤的 pH 值在人工小气候的环境条件下随种植番茄年限的增加有下降趋势，且多数土壤出现不同程度的酸化现象。这种土壤酸化现象会抑制番茄对磷、钙、镁等元素的吸收。磷在 pH 值小于 6.0 时溶解度降低，长时间下去会导致磷在土壤中越积越多，且有效性降低。

（三）土壤盐渍化

土壤的盐渍化一直被认为是保护地栽培连作障碍的一个重要原因。保护地栽培有以下几个显著的特点：①过量施用化肥；②常年覆盖，缺少水分淋洗；③温度较高，水分蒸发强烈，这种特殊的生态环境势必导致土壤中盐分离子的累积。土壤盐分的累积造成土壤溶液浓度的增加，使土壤的渗透势加大，作物吸水、吸肥能力减弱，从而导致植物的生育障碍。另外，盐分和养分离子拮抗所造成的微量元素缺乏，也可能是导致蔬菜生育障碍的一个原因。范庆锋（2009）等对沈阳市于洪地区采集的保护地土壤样品分析表明，保护地土壤的盐分含量和电导率均明显高于露地土壤，露地土壤平均盐分含量为 0.29g/kg，保护地 10 年左右土壤的平均含盐量上升至 1.56g/kg，相应的 EC 值达到 0.53mS/cm，已超过作物生育障碍临界点（EC>0.50mS/cm）。李刚（2004）等的研究发现，随着大棚种植年限的延长，土壤盐分累积增加，且盐分有明显的表聚现象，不同年限大棚土壤盐分纵向累积特征为：0~60cm 土层的盐分剖面由露地的直筒型逐步向倒锥型发展，其盐分组成以 Ca^{2+} 和 NO_3^- 为主，而 NO_3^- 浓度过高是引起盐害的主要因子。

四、根际微生态特征与连作障碍

1904 年，德国科学家 Lorenz Hihner 首次提出根际一词（也称根圈），他将根际定义为植物根系周围、受根系生长影响的土体，并初步阐述了根际与植物营养、生长和发育的关系。从此，植物根际微域的研究得到世界范围的重视，也开拓了连作障碍研究的新领域。根际是土壤、植物生态系统物质交换的活跃界面，植物通过叶片光合作用固定的有机碳可通过根系分泌的方式释放到土壤中，为周围微生物的生命活动提供物质基础和能量，微生物通过将有机养分转化为无机养分获得能量，而转化后的无机养分可以被植物吸收利用。植物、土壤、微生物的相互关系维持着土壤生态系统的生态功能。根际作为植物、土壤和微生物相互作用的重要界面，是物质和能量交换的结点，是土壤中活性最强的小生境。植物根际是当前土壤生物地球化学研究的最前沿，已经受到各国专家的密切关注。

在花生根际微生态系统中，花生作为第一生产者将部分光合产物转运至根系，通过根系分泌的方式释放到土壤中，为周围微生物的生命活动提供碳源和能源；而土壤微生物可以通过趋化感应等机制游向根际沉积丰富的植物根际及根面进行定殖与繁殖，因此，植物-土壤之间的相互作用一般会通过土壤微生物进行调节，土壤微生物是土壤微生态系统的关键因子，在土壤物质循环中起重要作用。近年来，学者发现植物根系分泌物对土壤特异微生物具有选择塑造作用，不同的植物因其根系分泌物组分与比例不同而导致其根际微生态各自具有特异性与代表性。因此，根系分泌物作为植物与土壤进行物质交换和信号交流的重要介质，是植物响应外界胁迫和防御应答的重要途径，也是构成植物根际微生态特征的关键因素。虽然根系分泌物的研究对揭示植物和环境的相互关系，调控植物生长具有重要意义。但是，根系分泌物在一定程度上可以提供土壤微生物生长繁殖需要的营养物质和能量，因此，在土壤中根系分泌物能被微生物迅速降解，加之根系分泌物成分复杂，各种化合物含量低，根系分泌物的组分和含量受植物种类和根际环境的影响较大，所有这些都为根系分泌物的研究带来了极大的困难。

此外，植物连作障碍的形成过程涉及植物根系、土壤和微生物等多个因素，并受环境因子的调控，研究土壤微生态系统的综合功能才是深入揭示作物连作障碍分子机理的关键。因此，我们认为土壤微生态系统综合功能失调是造成连作障碍的主要原因，有关连作障碍机理的研究必须建立在系统功能的水平上，若仅从根系分泌物、土壤微生物、植株自身等某一个侧面进行探讨，很难真正反映连作障碍的成因，也就无法获得重大的突破。

参考文献

陈立杰，朱艳，刘彬，等，2007. 连作和轮作对大豆胞囊线虫群体数量及土壤线虫群落结构的影响 [J]. 植物保护学报（4）：347-352.

陈志才，邹晓芬，宋来强，等，2008. 江西花生生产发展的障碍因素及其对策 [J]. 江西农业学报（4）：165-166.

陈志杰，梁银丽，张锋，等，2008. 温室土壤连作对黄瓜主要病害的影响 [J]. 中国生态农业学报（1）：71-74.

邓阳春，黄建国，2010. 长期连作对烤烟产量和土壤养分的影响 [J]. 植物营养与肥料学报，16（4）：840-845.

范君华，龚明福，刘明，等，2008. 棉花连作对土壤养分、微生物及酶活性的影响 [J]. 塔里木大学学报（3）：72-76.

范庆锋，张玉龙，陈重，等，2009. 保护地土壤盐分积累及其离子组成对土壤 pH 值的影响 [J]. 干旱地区农业研究，27（1）：16-20.

封海胜，张思苏，万书波，等，1993. 连作花生土壤养分变化及对施肥反应 [J]. 中国油料（2）：55-59.

封海胜，张思苏，万书波，等，1994. 花生不同连作年限土壤酶活性的变化 [J]. 花生科技（3）：5-9.

顾美英，徐万里，茆军，等，2009. 连作对新疆绿洲棉田土壤微生物数量及酶活性的影响 [J]. 干旱地区农业研究，27（1）：1-5，11.

郭利，王学龙，陈永德，等，2009. 烟草连作对烟田土壤微生物的影响 [J]. 湖北农业科学，48（10）：2443-2445.

韩丽梅，沈其荣，王树起，等，2002. 大豆根茬木霉腐解产物的鉴定及其化感作用的研究 [J]. 应用生态学报（10）：1295-1299.

胡宇，2009. 施肥对不同连作年限马铃薯生长及土壤养分的影响 [D]. 兰州：甘肃农业大学.

胡元森，2005. 黄瓜连作障碍因子分析及其生物修复措施探讨 [D]. 南京：南京农业大学.

李刚，张乃明，毛昆明，等，2004. 大棚土壤盐分累积特征与调控措施

研究 ［J］. 农业工程学报 （3）：44-47.

李琼芳，2006. 不同连作年限麦冬根际微生物区系动态研究 ［J］. 土壤
　　通报 （3）：563-565.

李忠，江立庚，唐荣华，等，2018. 连作对花生土壤酶活性、养分含量
　　和植株产量的影响 ［J］. 土壤，50 （3）：491-497.

刘文利，马琳，黄岳，2006. 连作番茄保护地土壤养分状况研究初报
　　［J］. 湖北农业科学 （6）：746-748.

孙磊，2008. 不同连作年限对大豆根际土壤养分的影响 ［J］. 中国农学
　　通报，24 （12）：266-269.

徐瑞富，王小龙，2003. 花生连作田土壤微生物群落动态与土壤养分关
　　系研究 ［J］. 花生学报 （3）：19-24.

甄文超，代丽，胡同乐，等，2005. 连作草莓土壤微生物区系动态的研
　　究 ［J］. 河北农业大学学报 （3）：70-72，87.

朱新萍，梁智，王丽，等，2009. 连作棉田土壤酶活性特征及其与土壤
　　养分相关性研究 ［J］. 新疆农业大学学报，32 （4）：13-16.

第二章 花生连作障碍生物治理技术

第一节 农用微生态制剂治理连作障碍

一、农用微生态制剂调控根际微生态环境以防治土传病害和连作障碍

连作障碍产生的主要原因是根系产生的自毒物质积累、根际微生物结构和土壤养分失调。其中根际微生物结构失调主要表现在两个方面：一是引起植物病害的病原菌基数逐年增加，二是土壤中有益菌数量下降和种类减少。众所周知，植物根际微生态系统与植物病害的防治关系重大，尤其是对于土传病害来说，一个健康的植物根际微生态系统是植物免受土传病害侵扰的有效保障。大量研究表明，健康植株的根际土壤中有益微生物明显多于患病植株的根际土壤，根际微生物群落中优势菌群也会显著高于患病植株的根际土壤。Wu 等（2016）在对三七根腐病的研究中发现，患病植株根际土壤中微生物群落与健康植株根际微生物群落差异显著，真菌及革兰阴性细菌的比例显著高于健康植株。Kwak 等（2018）研究发现，抗病番茄品种 Hawaii7996 和感病品种 Moneymaker 的根际微生物有显著差异，将抗性品种的根际微生物移植到非抗性品种根际能够缓解易感病番茄植株的症状。根际微生物群落结构改变（黄杆菌在抗病品种中富集）使番茄对青枯病具有抗性。农田生态系统中由于大量不当的农业实践操作，如多年连作重茬，过量化肥、杀菌（虫）剂的使用等，均会造成土壤中微生物群落结构失衡，而根际微生物群落结构多样性和动态变化很大程度上引起土传病害的严重发生，危及土壤健康。利用有益菌和生防菌的微生态调控作用，调节植物根际微生物群落来治理连作障碍和防治植物病害的研究已见报道。

近些年来，微生态制剂产品以其环境友好和防治治理效果优良等优势被广泛应用到植物土传病害的生物防治和连作障碍的治理中。

微生态制剂，是利用正常微生物或促进微生物生长的物质制成的活的微生物制剂。也就是说，一切能促进正常微生物种群生长繁殖以及抑制致病菌生长繁殖的制剂都称为"微生态制剂"。微生态制剂中外源微生物的引入往往会打破土壤中原有土著微生物群落结构的平衡，改变土壤中原有微生物群落结构，导致根际微生态环境产生变化。应用于农业生产中具有生防促生作用的微生物种类繁多，通常被制成生防菌剂、生物农药、生物肥料以及土壤改良剂等，这些生物制剂常常被用来替代或减少化肥和农药的使用以及修复和改良土壤、防止土壤功能退化，绝大多数取得了不错的效果。另外，也有将生物制剂制成菌剂喷洒在植物表面，或者用生防菌剂处理植物根或者种子以期达到抗病增产的目的。Xue 等（2015）发现，含有解淀粉芽孢杆菌（*Bacillus amyloliquefaciens*）NJN-6 的生物肥料能够通过提高有益菌株在根际的定殖量，同时降低病原菌在根际的定殖量，改变细菌群落结构，防治香蕉病害。解淀粉芽孢杆菌 SQY 162 的应用也可以使根际土壤中有益细菌（芽孢杆菌和类芽孢杆菌）等数量增加，从而有效地抑制烟草细菌性枯萎病的发生。Larkin 等（2016）发现长期施用 *Bacillus subtilis* GB03 菌剂能够显著改变土壤微生物群落，有助于马铃薯丝核菌的防治。Shen（2014）等的研究结果表明，施用含有芽孢杆菌（*Bacillus* sp.）的生物肥料后，香蕉根际细菌群落组成发生改变，如 *Gemmatimonas* 和 *Sphingomonas* 的数量增加，香蕉枯萎病发病率显著降低。

植物根际微生物群落的动态组成及根际微生物活性的变化是衡量土壤质量、作物生产力水平的重要指标。因此，施用微生态制剂能够提高土壤中，尤其是根际土壤中有益微生物的数量改变微生物群落结构，调控根际微生态环境到健康的状态，使植物根系远离病原物的为害，从而达到防治土传病害、缓解连作障碍的目的。

二、农用微生态制剂的应用

农用微生态制剂的使用可以在很大程度上减少农药和化肥的使用。有报道称，将有机肥料与微生态制剂联合施用会起到很好的抗病增产效果，抗病增产效果是普通有机肥的 2 倍以上。但是，在微生态制剂开发应用方面，还存在一些难点和亟待解决的问题。要突破的难点首先是规模化发酵技术的研发与应用，微生态制剂产品的稳定性、可靠性和活菌率等。另外，制约微生态制剂商业化的原因还有很多，比如对人和动物安全性、对作物和其他有益微生物的毒性和对环境的影响、产品的性能（在大田中多变的环境中是否稳定）、生产工艺、生产成本等。近年来，微生态制剂在农业领域得到了比较广泛的应用，其中包括微生物农药。市场上有不少国内外商业化的生防菌剂，最为著名的便是美国的拜耳作物科学公司（Bayer Crop Science）采用生防菌剂与化学农药配合使用的方式生产的生物农药Kodiak® Concentrate 和 Yield Shield® concentrate Biological Fungicide，这两种药在市场上大规模投放，它们不仅提升生物农药效果，还可以减缓化学农药的副作用，得到了美国环境保护署的许可。还有 Bio Boost® 和 Bio Boost® Plus 是由 Brett Yong 公司研发的生物菌剂可以用来提高油菜以及大豆的生长率。我国在微生态制剂研制上起步较晚，整体较发达国家来说相对落后，研发的产品种类较少，且推广使用面积小。目前在我国农业农村部农药检定所登记的以枯草芽孢杆菌为有效成分的生物农药有 12 种，大多以芽孢制剂的形式，可以防治黄瓜灰霉病、草莓白粉病、稻瘟病、稻曲病、水稻纹枯病、三七根腐病、棉花黄萎病等多种植物气传和土传病害。根腐消是昆明沃霖生物工程公司开发的产品，其主要有效成分是两种具有抑菌作用的荧光假单胞菌和枯草芽孢杆菌，使用复配的根腐消可湿性粉剂灌根处理对三七根腐病有很好的防治效果。微生物农药"百抗"已在农业部登记注册，是芽孢杆菌杀菌剂首次在水稻上获得登记的产品，其主要有效成分是 *Bacillus subtilis* B908，该产品对水稻纹枯病防效达到 70%，还可以防治小麦、白菜等多种植物上的土传病害。麦宁丰是由 *Bacillus subtilis* B3 制成的生物活体杀菌剂，通过产生对植物病原真菌和水稻白叶枯等病原细菌的抗菌物质，抑制病原菌菌丝生长，菌核的形成和萌发，对田间小麦纹枯病的防治效果达 50%~80%。

第二节　花生病害的生物治理

随着花生连作年限增加引起花生根部和叶部病害的病原菌数量显著上

升，且随着人们对食品和环境安全关注度的日益增加，应用生物防治降低花生土壤中病原菌数量已成为花生连作障碍治理技术中的重要手段。从理论上讲，任何能够降低植物病原微生物数量或致病性的微生物都具有开发生防制剂的潜能，因此，植物病害生防微生物涉及真菌、放线菌、细菌乃至病毒（噬菌体）等很多种群。目前成功应用的植物病害生防细菌有 *Agrobacterium*（农杆菌）、*Bacillus*（芽孢杆菌）、*Pseudomonas*（假单胞杆菌）、*Erwinia*（欧文氏菌）、*Xanthomonas*（黄单胞菌）等属的一些细菌。革兰氏阳性细菌具有比革兰氏阴性细菌更有优势的特点：孢子。它所具备的形成孢子的能力使其具有很好的生防前景。能形成孢子的革兰氏阳性细菌提供了解决生防中棘手问题的一种方式，其中主要的是芽孢杆菌。芽孢杆菌在自然界分布非常广泛，生理特性丰富多样，是土壤和植物微生态的优势微生物种群，具有很强的抗逆能力和抗菌防病作用。芽孢杆菌能形成具有耐热、耐干燥的孢子，这些孢子能被制造成干粉，这些特点使其具有假单胞菌所不具备的保存和广泛应用上的优势。许多性状优良的芽孢杆菌天然分离株已成功应用于植物病害生物防治，是植物病害生防微生物的重要组成部分。

一、生防菌的应用

（一）芽孢杆菌在生防中的应用

芽孢杆菌突出的特征是能产生耐热抗逆的芽孢，这有利于生防菌剂的生产、剂型加工及在环境中存活、定殖与繁殖。田间应用研究已经证实芽孢杆菌生防菌剂在稳定性、与化学农药的相容性和在不同植物不同年份防效的一致性等方面，明显优于其他革兰氏阴性细菌和生防真菌。

应用芽孢杆菌防治植物病害的研究具有悠久的历史，很多优良的分离菌株如枯草芽孢杆菌已经应用于生产实践。例如市场上一种名为 Kodiak 的枯草芽孢杆菌产品在农作物由镰刀菌和丝核菌所引起的病害防治上具有很高的防效，并具有促进作物生长的作用。在美国，已有多种枯草芽孢杆菌（*Bacillus subtilis*）生防菌株获得环保局（EPA）商品化或有限商品化生产应用许可，如 GB03、MBI600、QST713 和 FZB24 等。其中，GB03 和 MBI600 在根部施用或拌种可防治镰刀菌、曲霉菌、链格孢菌和丝核菌引起的豆类、麦类、棉花和花生根部病害。QST713 在叶面施用能防治蔬菜、樱桃、葡萄、葫芦和胡桃的细菌和真菌病害。FZB24 施用于室温或室内栽培的树苗、灌木和装饰植物根部可防治镰刀菌和丝核菌引起的病害。此外，澳大利亚开发的 *B. subtilis* A2-3 对麦类和胡萝卜立枯病以及其他土传病害具有很好的防治和增产作用。日本东京技术研究所的 *B. subtilis* RB14 和 *B. subtilis* NB22 分别对镰刀菌、丝核菌和青枯假单胞菌引起的番茄病害有良好防效。另外广泛应用的蜡样芽孢杆菌 *B. cereus* UW85 也是一株很好的生防菌株。

我国利用芽孢杆菌防治植物病害的应用研究也达到了世界先进水平，并开发出一批生防作用优良的枯草芽孢杆菌菌株，如 B3、B903、B908、B916、BL03、XM16、蜡样芽孢杆菌（*B. cereus*）R2、短小芽孢杆菌（*B. pumillus*）A3 和增产菌系列产品等。中国农业大学利用植物有益芽孢杆菌如蜡样芽孢杆菌、短小芽孢杆菌、枯草芽孢杆菌等研制的水稻、小麦、蔬菜和经济作物增产菌系列产品，推广应用面积超过 1667.5 万 km^2，增产幅度达 10%~20%，并具有良好抗菌防病效果。南京农业大学生防菌 B3 对小麦纹枯病田间防效达 50%~80%。莱阳农学院 BL03 和 XM16 菌株对苹果霉心病和棉花炭疽病田间防效达 90%。江苏农业科学院植物保护研究所的 B916 菌株对水稻白叶枯病菌和多种病原真菌都具有显著抑制作用。

自 1945 年首次报道枯草芽孢杆菌产生抗菌物质后，迄今已经发现野生型枯草芽孢杆菌能够产生 40 多种不同的拮抗物质，这些拮抗物质在防治黄瓜枯萎病、茄子黄萎病、水稻纹枯病和大豆根腐病等多种植物土传病害中起到了关键的作用。刘静等（2004）从枯草芽孢杆菌 JA 抑菌分泌物中分离纯化到 3 种抑菌肽，对水稻纹枯病菌有很好抑制作用。生防枯草芽孢杆菌 BS22 菌株可以分泌分子量 ≤2 884.39u 的抗菌多肽，该多肽能抗紫外线照射并对热稳定，对番茄青枯病菌和植物炭疽病菌等多种植物病原细菌和真菌都有很强的抑制作用。从黄瓜根围土壤中分离到的枯草芽孢杆菌 B29 菌株，其上清液对黄瓜枯萎病菌孢子萌发和菌丝生长都有抑制作用，对黄瓜枯萎病的田间防治效果达到 84.9%。枯草芽孢杆菌 S0113 菌株对水稻白叶枯病菌有强烈的抑菌作用，抑菌活性试验表明，其粗蛋白对中国稻区白叶枯病菌的 7 种致病型都有强烈的抑杀作用。菌株 W113 和 W118 是从我国台湾土壤中分离到的两株枯草芽孢杆菌，对尖孢镰刀菌的抑制作用明显，从其几丁

质中提取出耐热的杀菌剂，在 100℃ 高温中加热 30min 后仍有活性。Asaka
等（1996）发现枯草芽孢杆菌 RB14 能够产生伊枯草菌素 A 和表面活性素
（Surfactin），通过缺失互补试验证明这两种拮抗物质在防治立枯丝核菌引起
的番茄立枯病时起到关键作用。Bais 等（2004）报道的枯草芽孢杆菌 6051
菌株可以产生表面活性素，促使菌株能够很好地在拟南芥根部定殖。从温
室土壤中分离得到的枯草芽孢杆菌 ME488 菌株，平板检测能够抑制 39 种病
原菌，温室盆栽试验发现其对黄瓜枯萎病和辣椒疫病有很好的防治效果，
通过基因检测、HPLC 和 TLC 分析推测其抑菌机理也可能与能够产生伊枯草
菌素（Iturin）和芽孢杆菌素（Bacillomycin）有关。

（二）木霉菌在生防中的应用

木霉菌（*Trichoderma* spp.）隶属于半知菌亚门（Deuteromycotina）*丝
孢纲*（Hyphomycetes）*丝孢目*（Hyphomycetales）*丝孢科*（Hyphomycetaceae），
不仅是一类重要的植物病害生防真菌，而且对植物具有显著的促生作用。
1934 年通过研究发现木霉菌（*T. linnorum*）对土壤中的几种真菌有拮抗作
用，随后人们逐渐认识到木霉菌具有对土壤病害的防治作用以及对作物本
身促进生长的作用。木霉菌广泛存在于土壤、根围、叶围等多种环境中，
常见种类有绿色木霉（*T. viride*）、哈茨木霉（*T. harzianum*）、长枝木霉
（*T. longibrachiatum*）、瑞氏木霉（*T. reesei*）、康氏木霉（*T. koningii*）、拟康
氏木霉（*T. pseudokoningii*）和刺孢木霉菌（*T. asperellum*）等。目前世界上
已有超过 250 种含木霉的商品化制剂，在不同国家地区取得良好的防治
效果。

刺孢木霉、哈茨木霉和拟康氏木霉对黄瓜枯萎病的防效均在 64.78% 以
上，拟康氏木霉的防效最高，达到 81.54%，且经木霉菌处理的黄瓜幼苗壮
苗指数、叶绿素含量、根系活力、硝态氮含量、硝酸还原酶活性和根系总
吸收面积均比对照组显著上升。研究表明，长枝木霉生防菌剂可显著降低
辣椒立枯病的发病程度，防治效果达到 54.8%，同时辣椒株高、地上部鲜
重、地下部鲜重、基部茎粗和根系长度的相对增长率分别为 54.9%、
82.46%、89.19%、56.41% 和 46.62%。哈茨木霉对马铃薯和辣椒疫病的防
治效果显著，对土壤中疫病病菌有很强的抑制作用，可显著降低病原菌的
种群数量。此外，还检测出 19 种木霉菌菌株对甜瓜蔓枯病病原菌均具有一

定的抑制效果，抑制率为 67.51%~84.64%，而不同木霉菌菌株对甜瓜植株促生作用不同，哈茨木霉促生作用更加显著。

木霉菌不仅能有效防治辣椒疫病、辣椒立枯病、马铃薯疫病、瓜类枯萎病、番茄灰霉病等园艺作物病害，对杨树叶枯病、杨树烂皮病、苹果腐烂病和菩提树炭疽病等多种园林植物病害病菌也有较好的抑制作用。研究发现，长枝木霉的次级代谢产物康宁霉素对引起臭椿苗期病害的 4 种致病菌腐皮镰刀菌、木贼镰刀菌、棒状拟盘多毛孢菌和极细链格孢菌的菌丝生长和孢子萌发均有抑制作用。经陈潇航等（2018）鉴定，采用菌丝生长速率法测定了 4 种生防菌对菩提树炭疽病菌（胶孢炭疽菌）的抑菌效果。结果显示哈茨木霉对菩提树炭疽病病菌的抑制效果最好，抑制率达 60%。Diaz 等（2013）发现绿色木霉菌株对荷兰榆树病原菌的 6 个分离菌株均有较好抑制作用，抑制率在 50% 以上，对黑曲霉、尖孢镰刀菌、青霉、匍枝根霉和大丽轮枝孢菌的菌丝生长均具有极强的抑制作用。许圆圆等（2018）研究表明，长枝木霉产生的非挥发性代谢物对苹果树腐烂病菌、苹果树轮纹病菌和苹果树早期落叶病菌的抑制率分别达到 97.5%、83.69% 和 68.35%。古丽君等（2013）研究结果表明，深绿木霉菌株的施用有效降低了草坪草根腐病的发生，同时还减少了土壤中其他真菌的数量，从而降低了其他真菌病害侵染草坪草的概率。

二、生防机制研究

多项研究表明，有益微生物在生长发育的过程中会产生多种代谢产物，其中很多都具有拮抗性或竞争性，有益微生物通过产生这些代谢产物，来达到消灭病原物的目的或者抑制病原物的活性，使病原物无法顺利到达植物体内完成对植物的侵染。所以，利用有益微生物来控制有害生物对植物产生的危害是生物防治中最主要的途径之一。具有生防作用的微生物种类很多，细菌、真菌、放线菌甚至还包括病毒等多个物种，以其强大的生防效果和环境友好型特征拥有极大的研究和应用价值，这些微生物被统称为生防菌。目前，研究较为深入的生防菌有：*Bacillus*（芽孢杆菌）、*Pseudomonas*（假单胞菌）、*Trichoderma*（木霉菌）、*Streptomyces*（链霉菌）以及 AMF（丛枝菌根真菌）。

这些生防菌主要利用竞争、拮抗、寄生和诱导抗性等功能抵抗病原物的入侵。生防菌主要通过两种途径来帮助植物抵御病原菌的入侵。一是控制植物致病的病原物，阻碍甚至阻断病原物的侵染途径。针对一个病原菌来筛选生防菌，利用的是微生物可以分泌抗生素这一现象。除抗生素之外，生防菌还可以分泌酶类（几丁质酶、溶菌酶等）、铁载体和脂肽等一些小分子化合物来抑制甚至消灭周围的微生物。生防菌还能够通过与病原物竞争空间和养分的方式来控制病原菌的入侵。二是激活植物自身的免疫反应从而提高对病原物的抵抗能力。具体表现为，微生物能够激活或者诱导植物产生免疫反应，使植物能够有效应对之后入侵的病原物。在生防菌与植物互作过程中，诱导植物对病原菌（细菌、真菌及病毒等）产生更快更强抗性的现象被称为诱导系统抗性。生防菌在根表定殖是产生诱导系统抗性的必要条件。许多微生物的代谢产物及结构产物，可诱导植物产生系统抗性，从而使整株植物的不同部分均获得对不同病原物更强更快的抗性。

（一）芽孢杆菌的生防机制研究

芽孢杆菌在生长过程中产生一系列能够抑制真菌和细菌的活性代谢物质，具有广谱的抗真菌、细菌活性；所产生的活性代谢物质，可作为激发子诱导植物抗性；同时又是一种植物根际促生菌，将芽孢杆菌的发酵液对农作物进行拌种、喷施、灌根等方法使用，均可促进植物的生长；且芽孢杆菌能与病原菌竞争营养物质，间接抑制植物病害，因而备受人们的青睐。本文将从以下 4 个方面对芽孢杆菌的生防机制加以阐述。

1. 竞争作用

竞争作用主要包括位点（生态位）和营养竞争。空间位点和营养的竞争是指在同一微小生物环境中，2 种或 2 种以上微生物之间对这一环境内的空间、氧气和营养等进行争夺的现象。生防枯草芽孢杆菌可以在土壤、植物根际、体表或体内大量繁殖，有效地阻止、干扰病原菌在植物上的定殖和侵染。研究发现玉米内生枯草芽孢杆菌通过在玉米体内迅速地定殖和繁殖，占据与病原真菌串珠镰孢菌相同的生态位，从而达到降低病菌及其毒素的积累。营养竞争在枯草芽孢杆菌中较少，一些枯草芽孢杆菌可以分泌一种铁载体——嗜铁素（Siderophores），和病原菌竞争植物根际的铁离子，从而达到抑制病原菌生长的效果。曹君等（2005）研究发现枯草芽孢杆菌

BS 菌株菌悬液对棉花枯萎病菌（*Fusarium oxysporum* f. sp. *vasinfect*）的抑菌率在 70% 以上，而菌株代谢液的抑菌率较低，说明 BS 菌株主要通过营养竞争防治棉花枯萎病。

2. 拮抗作用

枯草芽孢杆菌在生长代谢过程中会产生一些特异性代谢产物，对其他微生物的生长产生抑制作用。枯草芽孢杆菌抗真菌肽于 1952 年首次分离得到，现已在枯草芽孢杆菌中发现多种抑菌物质，其中研究较多的是脂肽类抗生素和蛋白类，在菌株的抑菌防病中起到关键作用。枯草芽孢杆菌抗菌物质可以破坏病原菌的细胞壁结构，对细胞膜产生损伤，导致菌丝畸形生长、断裂和消解，可以抑制病原菌孢子芽管的形成或者使其致畸。枯草芽孢杆菌 B-332 菌株产生的抑菌物质可以使稻瘟病菌孢子芽管膨大为球状畸形，细胞质溢出，最后导致崩溃，并对菌丝也会产生致畸效果。不同的抗菌物质抑菌机理也会不同，几种抗菌物质对病原菌还可以产生协同抑菌效果。

3. 诱导抗性

生防枯草芽孢杆菌可以通过植物体内的茉莉酸和乙烯等信号途径诱发出植物自身的抗病能力，增强对病原菌的抗性。在病原菌侵入过程中，枯草芽孢杆菌可以诱导木质素形成、植保素、酚类物质以及伸展蛋白的积累，诱导病程相关蛋白和寄主防御酶的产生，使病原菌的侵入、繁殖降低，从而达到保护植物的作用。陈志谊等（2001）研究发现叶面喷施枯草芽孢杆菌 B916 后，水稻内抗病相关酶（POD、SOD 等）活性提高，同时接种 B916 和水稻纹枯病菌时水稻会产生枯斑圈。枯草芽孢杆菌 B3 处理小麦后，能诱导小麦体内过氧化物酶（POD）活性增加，并诱导产生新的过氧化物酶。

4. 促进植物生长

一些细菌能够通过促进植物生长，增强植物对病原菌的抵抗能力，从而降低病害的发生，其中比较典型的一类是植物根际促生细菌（Plant Growth-Promoting Rhizobacteria，PGPR）。通过促生筛选法获得的枯草芽孢杆菌 CH2 菌株能够促进黄瓜生长，同时对黄瓜重要土传病原真菌引起的猝倒病与枯萎病有良好的防治效果。枯草芽孢杆菌 BS-2 菌株可以通过诱导辣椒体内吲哚乙酸含量提高，降低脱落酸形成，促进辣椒幼苗的生长。芽孢杆菌抑制植物病害的发生是一个复杂的过程，一般是通过多种生防机制的协同作用来发挥生防效果。

（二）木霉菌的生防机制

对木霉菌作用机制研究有助于加深对其在自然生态系统中作用的认识，但是我们对木霉菌生防机制的研究仍不够深入。木霉作为生防菌主要和病原真菌与植物之间有很密切的相互作用关系，因此，木霉菌的生防机制主要可以从与病原菌的相互作用和与植物的相互作用两方面来探讨。

1. 木霉菌–病原菌

（1）抗生及次级代谢产物的作用

木霉菌能够产生多种多样的、具有生物防治活性的次级代谢产物，这些次级代谢产物分为三类：挥发性物质、水溶性化合物和抗菌肽。抗生素作为次级代谢产物的一种可以抑制微生物的生长。有实验证明经纯化的抗生素对病原菌的抑制作用与活体对病原菌的抑制效果相似。木霉菌产生的抗生素结构使得木霉菌具有两种抗生机制：第一种，低分子量、非极性、挥发性的化合物造成土壤中高浓度抗生素可以影响范围相对较远的微生物群落；第二种，极性抗生素和抗菌肽近距离影响菌丝。Howell（2002）在研究木霉菌（G6、G6-5）防治腐霉菌和立枯丝核菌引起的棉花幼苗猝倒病时发现，木霉菌释放出某种物质能抑制病原菌孢子的萌发，病菌孢子一旦萌发，则丧失了抑菌效果。接种木霉菌后，棉花枯萎病菌（*F. oxysporum*）的孢子萌发数量明显降低。同时发现，失活的木霉菌接种棉花后可刺激孢子萌发，而用活的木霉菌接种则抑制孢子萌发，说明不产生该物质的木霉菌对病原菌孢子萌发没有抑制作用。

（2）重寄生及溶解酶类的作用

已经广泛证实木霉菌不仅可以产生多种多样的抗生素类物质直接杀伤病原菌，还可产生多种水解酶类，使其成功寄生其他真菌。复杂的重寄生过程一般包括识别寄主、攻击、侵入和杀死等几个过程。木霉菌重寄生作用是通过识别致病菌，木霉菌丝趋化其菌丝，然后接触致病菌，通过缠绕和寄生伤害致病菌菌丝外层结构，突破致病菌菌丝外层保护壁，导致菌丝发生裂解并致其死亡。木霉菌在接触病原真菌之前已产生低水平的胞外几丁质酶，开始对其进行侵染。一旦接触便缠绕病原菌菌丝并形成附着胞。在这个过程中，木霉可以分泌细胞壁溶解酶（CWDEs）将病原菌细胞壁分解成低聚物。附着胞处的病原真菌菌丝形成内腔，木霉菌丝进入内腔，穿透寄主菌丝后迅速吸取其营养。一般认为，木霉菌分泌固有的水解酶类并通过探测酶促降解寄主而释放的分子来探测其他真菌的存在。

木霉菌可以产生多种溶解酶，其中大多数在生物防控中有重要的作用。目前已经纯化并鉴定了许多细胞壁溶解酶。当单独使用或者搭配检测时，纯化的酶均表现出广谱的抗菌活性。其对丝核菌属、镰刀菌属、链格孢属、黑粉菌属、黑星菌属、炭疽菌属，甚至细胞壁中缺乏几丁质的卵菌如腐霉属和疫霉属都有抗菌作用。单糖或多糖、几丁质、真菌菌丝等不同的碳源可以诱导产生细胞壁溶解酶。另有报道称，木霉菌产生的酶类与木霉菌或者不同种类杀菌剂（尤其是影响细胞膜完整性的化合物）联合使用时可以增加抗菌活性，有时效果甚至可以与化学农药使用相媲美。

（3）与病原真菌和土壤微生物的竞争作用

生防菌不仅可以与病原菌争夺碳源、氮源等多种物质进行营养竞争，同时也进行着空间和侵染位点的竞争。木霉菌能够通过在植物根系形成物理保护，与致病菌竞争侵染位点，从而提高植株幼苗的抗性，进而优化植物的生长环境。如，哈茨木霉可以定殖花生组织与病原菌竞争侵染位点从而防治葡萄上的灰葡萄孢菌（*Botrytis cinerea*），而对营养物质的竞争则是哈茨木霉与镰刀菌甜瓜专化型（*F. oxysporum* f. sp. *lycopersici*）的主要竞争机制。还有些木霉菌可以与病原真菌竞争能刺激病原真菌繁殖体萌发的种子分泌物。木霉菌还具有较强的运转和吸收土壤养分的能力，这使得木霉菌与土壤中其他微生物相比具有更强的竞争力。例如，木霉可以与镰刀菌进行对基质中铁离子的竞争，从而降低马铃薯在低浓度铁离子时镰刀菌的为害程度。

2. 木霉菌-植物

（1）木霉菌的定殖

大多数木霉菌株仅能定殖在根表局部，但根际生存能力强的菌株可在根部定殖几周甚至几个月。木霉菌株对根细胞的侵入可能导致诱导系统抗性，但定殖到植物维管束系统的菌株可能会更加有效。此外，许多木霉菌株也可以在叶部表面生长。在叶部喷洒孢子并萌发后，可以观察到木霉菌的菌丝，包括一些定殖到叶围寄生在立枯丝核菌上的菌丝。定殖到根部对植物新陈代谢影响研究表明，木霉定殖在根表导致植物相关防御酶的增加，包括过氧化物酶、几丁质酶、葡聚糖酶及过氧化氢酶。

(2) 诱导植物产生抗性

与根际细菌诱导的植物抗性相比，木霉属真菌诱导的抗性研究相对较少，研究重心主要集中在木霉菌与其他真菌直接的关系上，这些直接的关系主要包括重寄生作用及抗生作用。然而，数据显示有关木霉菌生防机制和我们以往的观点相反，对病原菌的直接影响仅仅为一种机制，其或许没有诱导抗性重要。研究发现，木霉菌具有控制由立枯丝核菌引起的棉花苗期病害的能力，但是这些菌株良好的生防能力既不是因为抗生物质作用也不是由重寄生作用而引起。事实上，是木霉菌诱导棉花幼苗产生了对病害有防御能力的萜类植保素，这便是木霉的诱导抗性作用。Bigirimana 等 (1997) 第一次对木霉诱导的植物抗性进行了深入研究，他们发现用哈茨木霉 T-39 处理的土壤对由真菌灰葡萄孢及刺盘孢引起的豆类病害具有诱导抗性。相同的实验用在其他双子叶植物上也证实了其具有同样的效果。因此，这种由真菌诱导不同作物上多种病菌导致的病害抗性的能力似乎是很广泛的。在诱导物木霉菌缺席的情况下，诱导抗性能持续多久仍不十分清楚。然而，能在根际持续生长的菌株可能具有长时间的诱导植物产生系统抗性。因此，诱导的局部或系统抗性是木霉属真菌拮抗植物病害的一种重要组成部分。

水杨酸 (sacyclic acid, SA) 信号在木霉定殖植物的过程中发挥很重要的作用。SA 引起的抗病反应能够阻止木霉向植物内部扩展，使其局限在植物的表皮内和细胞间隙。一些高效木霉菌株一旦在植物根部定殖，则可以长时间对植物造成影响，对于一年生植物可能使植物在整个生长期受益。木霉在定殖植物过程中会刺激植物产生胞壁沉积物，可不同程度地阻止病原菌入侵。在植物根部的定殖可促进植物体内与防御有关酶的合成或积累，如苯丙氨酸解氨酶 (PAL)、多酚氧化酶 (PPO)、超氧化物歧化酶 (SOD)、脂氢过氧化物裂解酶 (HPL) 和过氧化物酶 (POD) 等，从而使植物产生防御反应。

木霉能产生 20 余种微生物相关分子模式（microbes-associated molecular patterns，MAMPs）或损伤相关分子模式（damage-associated molecular patterns，DAMPs）。同时，在植物根系也发现了 30 多种受体或相关响应基因。木霉定殖植物的根系，产生 MAMPs/DAMPs 与植物根系受体或响应基因互作，触发水杨酸、茉莉酸/乙烯等防御反应信号长距离传导至植物叶片，诱导植物叶片表达防御反应基因。木霉的诱导抗性也与 MAPK 信号途径有关。诱导的植物系统抗病反应信号通路是以茉莉酸/乙烯（JA/ETH）信号为主的 ISR（induced systemic resistance）信号转导途径，能够刺激植物合成茉莉酸和乙烯作为信号分子，激活下游 NPR1 基因，以调控植物抗病相关基因的表达。

除了直接接触和定殖刺激根系外，木霉产生的挥发性物质也被报道有诱导的功能，产生一些小分子挥发性化合物通过空气传播与植物互作，诱导植物的抗性反应。近些年的研究发现，微生物所产生的挥发性有机物质（volatile organic compounds，VOCs）能够作为微生物与植物互作过程中的信号分子，如棘孢木霉 IsmT5 所产生的 6PP 就是一种诱导植物抗性反应的信号分子，能够降低由灰霉、链格孢菌引起的叶部病害。棘孢木霉 T-34 和哈茨木霉 T-78 产生的挥发性物质也能够激活拟南芥中 MYB72 表达，引发茉莉酸途径的植物系统性防御反应，提高拟南芥叶片对灰霉的抗性，并且还能促进根部对铁离子的吸收，但挥发性气体的有效成分并不清楚。目前对于这些挥发性物质类的信号分子在植物体内的响应机制还不清楚。

（3）促生作用

木霉和其他能在根部定殖的有益微生物一样也能显著提高植物的生长和产量。这种情况直觉上似乎是不可能的，因为这种菌大部分能诱导植物产生抗性，开启诱导方式对植物来说代价一定会很大。然而，许多诱导抗性真菌和细菌却促进了幼苗和根的生长。大量研究表明，木霉对辣椒、马铃薯、莴苣、黄瓜、白菜、豌豆、花生、长春花和菊花等多种作物有促生效应。例如，棘孢木霉菌株 T203 诱导处理的黄瓜体积显著增大，哈茨木霉菌株 T-22 对玉米、大豆、一品红、长春花等植物都有明显的促生作用。研究证实木霉菌株 T-22 能提高玉米和其他许多植物的根部发育，根部上这种产量和生物量的增加与木霉菌的施入呈显著正相关，这种促进作用可以影响一年生植物的整个生命周期。此外，研究发现同时施用菌根真菌和木霉菌 T-22 菌株促生现象具有协同作用，同时，木霉菌酶类和细菌抗生素协同作用也被证实。总的来说，木霉菌对于提高作物产量具有很大潜力，对于次优田块来说尤为重要。在胁迫条件下作物增产有限时，木霉菌增加植物产量的作用是很明显的。

木霉菌的促生机理是多样的：①木霉菌代谢产物可产生类植物生长素等生长调节剂，对植物生长有促进作用，同时提高植株病害防治水平；②木霉菌促进植物产生能溶解土壤中矿物质的有机酸，溶解土壤中难溶养分，促进植物的营养摄取及提高营养利用效率；③木霉菌产生土壤中沉积物颗粒与微量元素融合的融合剂，其能促进微量元素被植物吸收利用；④木霉菌对土壤酶活性也具有一定的影响。

第三节 抗重茬微生态制剂的研发

微生态制剂广义讲是指根据微生态学原理，利用具有调控植株微生态平衡的有益微生物或其他活性物质加工制备的生物制剂或绿色制剂。狭义讲是指根据微生态学原理，利用具有调控植株微生态平衡的有益内生共生微生物加工制备的生物制剂。在种植业上应用的微生态制剂大体上可分为3个主要类型：一是用于生物防治的微生态制剂，在种植业的病虫害防治上使用较早，如苏云金杆菌；二是土壤微生态制剂，可改善土壤物理、化学和生物特性；三是植物微生态制剂，典型的例子是中国农业大学研制的增产菌。近年来，也出现了许多综合性的微生态制剂，它可以兼具植物微生态制剂、土壤微生态制剂和生物防治用微生态制剂3种功效。

抗重茬微生态制剂是植物微生态制剂的其中一种，具有促生防病、解决连作障碍的功能。研发高效的抗重茬微生态制剂是解决花生连作障碍的最有效途径之一，国内对抗重茬微生态制剂的研发工作开展得较多，相继有产品问世，在生产上也有一定范围的应用，但目前抗重茬制剂绝大多数以增加有益菌为主，在病害生物防治和提高土壤活力上存在不足，因此研发多功能高效抗重茬微生态制剂仍具有重要意义。

一、目标菌的筛选

筛选土壤中的功能微生物要根据具体的目的来选择目标土样：若以高

产为目的则可以选择高产的土壤来筛选；若以抗病为目的则可以选择抑病土壤；功能微生物筛选可以利用指示性培养基（特征底物与特征产物的互作会产生变色，沉淀现象等）和选择培养基（含有一定浓度抗生素的培养基、无氮培养基等）。分离出目标功能菌株之后可以通过菌与菌之间的对峙培养来进行初步的筛选，再通过分子生物学方法如 PCR 或者对功能基因进行杂交检测，还可以利用高效液相色谱等方法对特异代谢产物进行检测。

当从植物或者土壤中分离到目标微生物后，下一步实验室筛选方法的选择会影响筛选出的微生物作用于植物的生防机制。生防菌不能有效控制土壤病害的一个重要原因就是缺少正确的筛选方法。因此，我们在筛选生防菌时，必须对试验的目标、病原菌的类型、环境因素、生防菌的生防机制、生防菌生产问题等因素进行综合考虑，选择合适的筛选方法，这样才能筛选出高效、合适的生防菌株。

（一）平板检测

1. 拮抗试验

拮抗试验是通过病原菌和生防菌在平板上的相互作用，检测生防菌是否能够产生抑制病原菌生长的物质。当筛选抑制病原菌生长的生防菌时，这通常是检测的第一步。生防菌的拮抗能力有时与生防效果非常一致，通过拮抗试验已经成功筛选出很多生防菌。但是也有研究发现生防菌的拮抗能力与其在植物上的生防效果不一致。众所周知，抗生素的产生至关重要，已有实验证明经纯化的抗生素对病原菌的抑制作用与活体对病原菌的抑制效果相似。Haas 和 Keel（2003）发现营养物质的种类和浓度对抗生素产生起到非常重要的作用，一些抗生素会在特定的营养条件下诱导产生，而培养基与土壤环境的营养差异很大，可能导致抗生素产生量和种类发生变化。另外，土壤的 pH、温度等因素也会对抗生素的产生造成影响。

2. 代谢物质检测

根据已报道的抑菌物质，用特定底物的培养基检测生防菌产生的一些代谢产物，如裂解酶、铁载体等。裂解酶筛选是一个比较容易的筛选过程，通过这种方法已经成功筛选了很多生防菌。生防菌产生的裂解酶类主要有几丁质酶、葡聚糖酶和蛋白酶，有很多报道发现产几丁质酶的细菌能够抑制病原菌的生长，但是单独产生的几丁质酶并不能够充分裂解真菌的菌丝。Budi 等（2000）发现类芽孢杆菌 B2 菌株能够产生纤维素酶、蛋白酶、果胶酶和几丁质酶，电镜观察 B2 菌株能够裂解病原真菌尖孢镰刀菌和寄生疫霉的细胞壁，但是用工业纯化的 4 种酶单独处理病原真菌时，只有蛋白酶能够抑制菌丝生长。产几丁质酶的 *Stenotrophomonas maltophilias* C3 菌株能够防治高羊茅叶斑病，缺失几丁质酶基因的突变体只是防病率下降，但仍然有防病效果（Zhang et al.，2000）。复杂的真菌细胞壁需要生防菌能够快速产生多种裂解酶才能破坏其完整性，发挥出好的生防效果。铁载体，主要是用特殊的培养基进行检测，现在已经通过铁载体筛选到对尖孢镰刀菌、稻瘟菌等多种植物病原真菌有防治效果的菌株。韩松等（2011）从棉花中筛选到一株能生产铁载体的芽孢杆菌，可以通过对铁的竞争抑制尖孢镰刀菌的生长，防治棉花枯萎病。冉隆贤等（2005）对 3 株假单胞杆菌菌株及其嗜铁素的缺失突变体防治桉树灰霉病进行了研究，发现嗜铁素是假单胞杆菌控制桉树灰霉病的重要因子。

3. 营养物质的利用

检测生防菌和病原菌对寄主植物根部分泌的碳源和氮源的利用情况，初步评价它们对营养的竞争程度。Cavaglieri 等（2004）通过生防菌和病原菌对玉米根部分泌的 16 种碳氮源的利用情况进行了分析，采用 NOI 生态位来表示它们对根部营养的竞争，作为评价生防效果的指标。

（二）植株检测

除了平板检测以外，很多生防指标可以在实验室条件下通过植物进行检测，例如促生作用、诱导抗性、定殖和防病试验等。

1. 促生筛选

很多根际细菌能够直接影响植物的生长，促进植物的健康，因此促生作用也是一种评价生防菌的重要指标。很多促生作用都是通过植物种子或者幼苗在微孔板中进行检测，例如 Berg 等（2001）用草莓幼苗在微孔板中检测，这种方法能够在实验室快速批量筛选出对植物有促生作用的菌株，然后根据检测结果建立同温室生防作用之间的评价体系。

2. 诱导抗性筛选

细菌和植物的互作，可以诱导植物对病原菌产生抗病能力，这种现象叫作诱导系统抗病性（ISR），它依赖植物体内的茉莉酸和乙烯信号途径，可以由土壤中的非致病菌引起。ISR 与 SAR（系统获得抗病性）不同，后者依赖于植物体内的水杨酸途径，可以由土壤中的病原微生物引起。现在有很多通过 ISR 来筛选生物或者非生物的生防因子。用来筛选引起 ISR 的生防菌比较简单的一个方法是通过植物根际促生菌（PGPR）菌株进行筛选。用微孔板法检测菌株或者上清液是否能够促进植物的生长，如果能促进生长说明菌株能够激活植物体内的某些调控途径（乙烯、水杨酸），所以可能激活一些防卫反应的途径，然后再通过接种病原菌，检测这些 PGPR 菌株是否具有诱导系统抗病性。

3. 定殖筛选

定殖筛选是根据菌株定殖能力和生防效果相关性的一种筛选方法。生防菌只有达到一定的定殖量，才能对病原菌起到抑制作用，发挥生防效果，尤其是当生防菌通过抗生素和对生态位、营养物质的竞争来防治植物病害时。Pliego 等（2007）用多次循环再分离的方法从植物根尖中筛选定殖能力强的菌株（图 2-1）。这些菌株很可能通过对营养和生态位的竞争来发挥生防效果，但是定殖能力强的菌株也不一定能防治植物病害，因为生防菌需要在病原菌侵染根部的各个靶标部分定殖才能发挥好的生防效果。Martínez-Granero（2006）通过 *gac* 基因缺失突变发现游动性与菌株的定殖有关，之后通过高游动性筛选到定殖能力强的菌株。

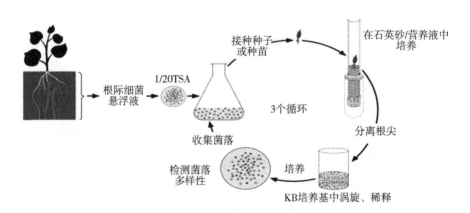

图 2-1 增强型根系定殖细菌的选择

4. 防病试验筛选

直接利用分离的菌株进行温室或者田间的防病试验可以筛选到效果较好的生防菌，但是这种试验需要消耗大量的人力、物力和时间，筛选的成本很高。现在有的试验利用植物的幼苗或者离体的植物器官（果实、叶片等）进行前期的筛选，根据温室防病效果建立前期筛选的指标和筛选体系，节省了筛选的时间和工作量，这种方法在农药和生防菌代谢产物的防病研究中应用较多。例如利用水稻离体叶片法筛选了防治水稻纹枯病的微生物，这种方法与温室植株筛选有很好的相关性，而且具有占用空间小、温湿度易控制，检测快速、准确等优点。曾莉等（2006）用烟草的离体叶片筛选了防治烟草黑胫病放线菌的活性产物。这种方法检测了病原菌、生防菌和植物三者之间的相互作用，准确、高效、成本低，适合生防菌的筛选。

（三）分子生物学筛选

分子生物学用于生防菌的筛选主要分两个方向。一种是对于已知的防病功能性基因为靶标进行 PCR 扩增（抗生素基因、裂解酶基因等），筛选出具有特定功能性特征的潜在生防菌。不同的基因型在不同植物上的表现存在差异，因此可以利用基因型为靶标对菌株进行分类，筛选出定殖或者防病能力较强的一组基因型。Giacomodonato 等（2001）用 PCR 方法扩增肽合成基因，用来筛选能够产生肽类抗生物质且对菌核病菌有抑制作用的潜在生防菌。Benitez 等（2009）第一次使用了基于 T–RFLP 的目标基因筛选技术可以直接鉴定和分离新的生防菌。另一种是分析土壤中微生物的种群结构，通过对不同土壤中微生物多样性的分析比较，找到防病土壤中起作用的微生物种群或者是某个分类单元（Unit），再通过温室试验进行验证。常用的微生物群落结构分析的手段有 RFLP、DGGE、Phylochip 等。Mendes 等（2011）通过 Phylochip 手段，对甜菜立枯病抑菌土和非抑菌土中的微生物群落进行了比较分析，发现两种土壤中菌群总的数量没有变化，但是丰度发生了变化，其中假单胞菌是变化最为明显的菌群，所以对拮抗假单胞菌进行了基因型的分类和防病试验，发现它们与 Phylochip 的分析结果一致。一些基因型确实具有防治甜菜立枯病的效果，所以最后推测出土壤中几种微生物协同对甜菜立枯病起到了防治作用。

二、抗重茬微生态制剂的生产

一个好产品的开发需要经过大量研究人员的长期努力，植物微生态制剂就是在数百位研究人员，经过 30 多年的研究，最终获得效果显著的一系列产品。抗重茬微生态制剂是其中一种，具有促生防病、解决连作障碍的功能。

首先，根据植物微生态学原理从病害严重的地块中选取健康植株，从植株根、茎、叶内部和表面以及植株根际分离获得多种微生物，经过上述多种方法筛选出可以高效促生防病的生防菌株。然后，对生防菌株实验室发酵工艺进行研究：从有益微生物的生理和营养角度分析，分别筛选并初步确定发酵培养基的主要成分及配比。综合应用多种数学模型和统计方法，确定最佳培养基配方。在此基础上，利用 20L 液体发酵自动控制系统改变发酵温度、初始 pH 值、初始接种量、装液量、转速等参数，确定最佳发酵参数并获得最佳发酵条件。最后，进行发酵生产工艺流程中试试验：在实验室发酵工艺的基础上，于 500~5 000L 发酵罐中进行扩大培养，调节生防菌工业发酵参数，确定单菌株发酵多菌株复配的高密度低成本发酵工艺。最后进行制剂加工工艺研究，菌株液体发酵培养完成后，经过浓缩、过滤、添加吸附剂、闪蒸干燥、粉碎等制剂加工工艺进行后处理获得成品。

1. 芽孢杆菌的发酵（以枯草芽孢杆菌为例）

（1）确立培养基的主要组成成分

参照以往关于芽孢杆菌发酵培养基的试验结果以及当前在生产应用中培养基的配方，全面考虑芽孢杆菌生长所需的各种营养物质，筛选和初步确定芽孢杆菌发酵培养基的主要组成成分为：玉米粉、葡萄糖、豆饼粉、鱼粉、$CaCO_3$、$(NH_4)_2SO_4$、K_2HPO_4、$MgSO_4 \cdot 7H_2O$、$MnSO_4 \cdot H_2O$。

（2）培养基配方的优化

通过 Plackett-Burman 设计法筛选出培养基中影响发酵液含菌量的重要因子：玉米粉、豆饼粉、$CaCO_3$；用最陡爬坡路径实验确定重要因子的最适浓度范围：玉米粉（13.0 g/L）、$CaCO_3$（7.0 g/L）和豆饼粉（20.5 g/L）；再通过响应分析法（Response Surface Analysis，RSA）确定最佳培养基配方。最后进行模型验证，进一步验证试验的可靠性。优化后的发酵培养基配方使摇瓶发酵液每毫升的含菌量从 6.6×10^9 CFU/ml 提高到 1.18×10^{10} CFU/ml，即发酵液产量提高了 78.8%。

（3）确定发酵参数

发酵培养基配方确定后，通过对温度、初始 pH 值、初始接种量、装液量、摇床转速等发酵条件的摸索，综合发酵液中芽孢数量及芽孢形成所需时间等指标，确定最佳发酵条件。将该发酵体系应用于生产，进行 500~5 000L 发酵罐的中试，检测优化后的发酵工艺生产水平是否比优化前有所提高，从而验证该发酵体系。

将活化后的枯草芽孢杆菌接种于装有 300L 培养基的 500L 种子发酵罐中，初始 pH 值为 7.5，温度为 32℃，通风 1：0.8（V/V·min）。从菌种接种后 12h 时菌体生长处于指数生长中期，转入 5 000L 的发酵罐，以 70% 的罐装量，pH 值为 7.5，温度为 32℃，搅拌速度 180~200r/min，前期通风 1：0.8（V/V·min），后期通风 1：1.5（V/V·min）的发酵条件进行枯草芽孢杆菌的发酵培养。在枯草芽孢杆菌的 4 个生长时期，延迟期为 2~3h，此时菌体数量增长缓慢，发酵 9h 进入对数生长时期，菌体快速繁殖生长，菌体数量增长迅速，在发酵 15h 后，菌体原生质开始浓缩，17h 有 50% 的芽孢形成，发酵时间 19h 后芽孢形成率达 96%，杂菌污染率<0.3%，发酵液含菌量达 1.65×10^{10} CFU/ml，且含菌量不再增加。

2. 木霉菌的发酵（以绿色木霉为例）

（1）木霉菌剂液体深层发酵

木霉菌剂的生产工艺流程为经液体深层发酵法制成粉剂，工艺主要环节为原菌种活化→菌种扩大培养→种子罐培养→发酵罐培养→添加填充料→搅拌机→链条机粉碎→粉剂过筛→产品检测→包装。

1）原菌种活化

绿色木霉菌培养基制备：马铃薯 20%，葡萄糖 2%，琼脂 2%。用 NaOH 或 HCl 调 pH 值至 4 左右，然后分装三角瓶或试管，置于灭菌锅内，在 0.11MPa 压力下灭菌 30min。

菌种活化与扩大培养：用接种针在无菌条件下从原菌种斜面上挑取少许菌丝体，在倒有培养基的培养皿内进行划线，然后置 28~30℃温箱内培养 72h，肉眼观察，菌落丰满。

2) 摇瓶培养

绿色木霉摇瓶培养基配方：细麦麸 5%。将配好的液体培养基分装
2 000ml 三角瓶，每瓶装液量 500ml，在高压湿热灭菌锅内 121℃、0.11MPa
压力下灭菌 40min。从长满绿色木霉菌落的平板上刮取少许菌丝体（可带有
培养基）放入摇瓶中，于 28℃，转速 120r/min 的恒温振荡培养箱中培养
24h 左右，镜检观察绿色木霉菌丝较多，即可上种子罐培养。

3) 种子罐培养

种子罐装料：玉米粉、麦麸、硫酸铵，pH 值为 4.0~4.5。投料量不得
超过罐容积 70%。

种子罐灭菌：装好物料后，在 121℃、0.11MPa 压力下灭菌 30min，冷
却至 30℃后即可接种。

接种：将摇瓶内培养好的绿色木霉菌菌液，接种于冷却至 30℃的种子
罐内进行培养。

种子罐培养条件控制：绿色木霉菌接种后在温度为 28℃，转速 120r/min
搅拌条件下培养 16~20h，镜检观察菌丝较多，即可转入发酵罐培养。

4) 发酵罐发酵

发酵罐装料同种子罐装料。发酵培养条件：搅拌速度为 120r/min，罐
压为 0.05MPa；通气量：发酵前期 1∶0.5（V/V·min），后期逐渐调至
1∶1（V/V·min），一般发酵培养周期为 130~168h，当杂菌率为 0，厚垣
孢子全部散落并且含菌量达到最大值，即可放罐。

5) 后处理

发酵液用草炭吸附，用皮带机传送到链条粉碎机粉碎，达到 100%通过
0.09mm 孔径筛。

6) 成品检验

用稀释平板法检测木霉菌剂含菌量，含菌量≥0.1 亿个/g 为合格。含水
量用水分分析仪测定，含水率≤35%为合格。

7) 包装

用塑料袋（25kg/袋）进行包装，于干燥通风处贮存。

（2）木霉菌剂固体发酵

木霉菌剂的固体发酵生产工艺流程为原菌种活化→菌种扩大培养→种

子罐培养→发酵载体灭菌→载体接种→培养→粉剂过筛→产品检测→包装（图2-2）。

1）原菌种活化同2.（1）1）

2）摇瓶培养同2.（1）2）

3）种子罐培养同2.（1）3）

4）载体接种

将载体在0.11MPa压力下灭菌60min，冷却至30℃后即可接种。一般发酵培养周期为130~168h，在杂菌率≤10%，分生孢子全部散落即可收获。

5）成品检验

用稀释平板法检测木霉菌剂含菌量，含菌量≥1亿个/g为合格。含水量用水分分析仪测定，含水率≤35%为合格。

6）包装

用塑料袋（25kg/袋）进行包装，于干燥通风处贮存。

图2-2　木霉菌的固体发酵模式

3. 抗重茬微生态制剂的生产

抗重茬微生态制剂是利用分离、筛选获得的安全、高效促长、抗逆的多种有益内生芽孢杆菌和木霉菌，经过单株菌液深层发酵，多菌株按比例复配的高效微生物发酵和制剂加工工艺制备而成。生产环节包括：生防菌发酵液制备、菌液复配、载体吸附、包装、质检及入库，具体生产流程见图2-3。

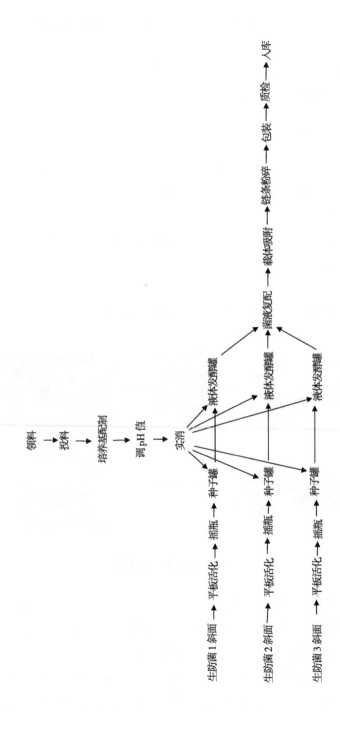

图2-3 抗重茬微生态制剂生产流程

（1）生防菌发酵液制备

1）斜面的制备

2）平板活化

3）摇瓶制种

4）种子罐投料、配制培养基

5）种子罐实消

6）种子罐接种、发酵培养

7）发酵罐投料、配制培养基

8）发酵罐实消

9）种子罐转发酵罐、发酵培养

（2）菌液复配

将多株生防菌单独发酵的发酵液按所需的比例在储罐中进行混合复配。

（3）载体吸附

将复配好的混合菌液与草炭按 1∶10 的比例进行载体吸附。

（4）包装

粉碎完成后进入全自动包装机进行包装，2kg/小袋，10 小袋/大袋。

（5）质检

该批次生产完成后，任取一袋进行质检，检测含菌量、含水量。

（6）入库

质检合格后入库存放，于干燥通风处贮存，保质期 2 年。

三、抗重茬微生态制剂使用效果

抗重茬微生态制剂系列产品利用中国农业大学获得 2010 年国家科技进步二等奖（证书号：2010-J-251-2-09-D01）的科技成果"芽孢杆菌生物杀菌剂的研制与应用"与发明专利"一种微生态制剂及其制备方法与专用菌株"（专利号：ZL200310113737.6）作为核心技术，自主开发而成。根据植物微生态学原理，利用中国农业大学分离、筛选获得的安全、高效促长、抗逆的有益内生芽孢杆菌，经过高效微生物发酵和制剂加工工艺制备而成，在大田作物、蔬菜、果树、中药材等作物上推广应用，产品具有促进作物生长，改良土壤环境，预防土传病害，提高肥料利用率，减少化肥农药使用量等作用。

1. 抗重茬微生态制剂的功能特点

（1）解决连作障碍

抗重茬微生态制剂能够补充有益微生物，平衡农作物根系微生态，有效解决连作障碍。

（2）防病抗逆

抗重茬微生态制剂使用后，能够抑制病原菌生长，提高农作物抗病能力，并提高农作物抵御干旱、冻害等逆境的能力。

（3）促生增产

抗重茬微生态制剂可促进农作物对营养的吸收，促进农作物生长，可显著提高农作物产量。

（4）减肥减药

抗重茬微生态制剂可以减少化肥农药使用，通过活化土壤养分提高化肥的利用率，减少农药残留污染，提高农产品品质。

（5）改良土壤

抗重茬微生态制剂促进土壤团粒结构的形成、抑制土壤板结、抗盐碱酸化、改善土壤性状，提高土壤肥力。产品销往全国 30 多个省（区、市），以及韩国、阿联酋、东南业等国际市场，田间应用效果明显，赢得了广大农民、农场主以及农技人员的认可和好评。

2. 抗重茬微生态制剂的应用

（1）抗重茬微生态制剂在中药材上的应用

抗重茬微生态制剂产品在中药材上的应用主要集中在甘肃、吉林、内蒙古等地，应用作物包括罂粟、人参、三七、当归、党参等。与甘肃省农业工程技术研究院国家特种药材基地和甘肃省农业工程技术研究百号试验地合作，在罂粟上使用抗重茬微生态制剂后，罂粟苗期株高增加 10%，叶绿素含量增加 67%，吗啡含量增加 0.31%，并且对霜霉病防效达到 65%。在甘肃岷县，应用抗重茬微生态制剂在当归上预防麻口病。2015—2017 年，在吉林长白县人参基地连续三年利用抗重茬微生态制剂防治人参重茬病害，效果显著。

（2）抗重茬微生态制剂在马铃薯上的应用

抗重茬微生态制剂产品在马铃薯上的应用主要集中在内蒙古、河北、甘肃地区。2013—2017 年，在内蒙古武川县、固阳县、多伦县、商都县及乌兰察布前旗地区，河北省张家口，甘肃山丹县进行了抗重茬微生态制剂防治马铃薯重茬病害试验，对马铃薯疮痂病、粉痂病、黑痣病等土传病害防效显著。在内蒙古包头市固阳县，连续三年选取连续种植马铃薯 6 年、7 年、8 年连作地块进行治理重茬病害试验，马铃薯疮痂病防效达 60% 以上，产量提高 15%，试验效果显著。在甘肃定西马铃薯试验区施用抗重茬微生态制剂的马铃薯商品率增加 13.84%，产量增加 20%。

（3）抗重茬微生态制剂在蔬菜上的应用

抗重茬微生态制剂在白菜、甘蓝、菜花、萝卜、洋葱、芹菜、茼蒿、生菜、大蒜、番茄、茄子等多种蔬菜及瓜果类作物上均有应用，防病效果达 60%，增产 15% 以上，商品率大大提高。2016—2017 年，在甘肃省武威市黄羊镇、清源镇新东村，酒泉市瓜州县瓜州乡、广至乡、梁湖乡，张掖市山丹县大马营乡等地，种植的辣椒、番茄、西葫芦等蔬菜上使用抗重茬微生态制剂。辣椒红果率为 66.2%，提高 36.5%，单果重增加 1.42g，提高 5%，增产 20.82%。番茄株高增加 23cm，增高 14%，番茄防病效果明显，整个生长期无病害发生，口感改善明显。西葫芦株高增加，增产效果明显。

（4）抗重茬微生态制剂在瓜果上的应用

2017 年在甘肃省酒泉市瓜州县瓜州乡、广至乡等地种植的西瓜、蜜瓜和人参果上施用抗重茬微生态制剂，通过数据分析显示，西瓜直径增加 3.67cm，蜜瓜株高平均增高 18.2%，人参果株高平均增高 9.67%，对瓜果类的生长有明显的促进作用。在广西，应用抗重茬微生态制剂系列产品综合防控柑橘黄化病，效果显著。

第四节 植物微生态制剂治理花生连作障碍实例

本试验中施用植物微生态制剂解决花生连作障碍，达到调节土壤养分平衡，增强作物养分吸收，促进作物生长，减轻作物病害，改善作物品质的作用。植物微生态制剂是由国家增产菌技术研究推广中心提供，包括生物拌种剂和抗重茬微生态制剂两种类型。

一、材料与方法

1. 试验地概况

试验在北镇市玉宝花生种植合作基地进行，该基地位于北镇市东部廖屯镇徐屯村（121°33′E，41°19′N），年平均降水蒸发量 604.8mm，年平均气温 8.2℃，无霜期 154~164d，该地区气候系半湿润季风大陆性气候，四季分明，春季少雨多风；夏季短而湿热多雨；秋季天晴气朗；冬季长而干燥寒冷。日照时数为 287h，适合各种农作物生长。试验地块为多年花生连作地块，供试土壤类型为棕壤土，土壤质地为沙壤，土壤养分含量为：有机质 12g/kg，碱解氮 98mg/kg，有效磷 7.8mg/kg，速效钾 120mg/kg。

2. 试验设计

供试花生品种为玉宝四号，供试菌剂为国家增产菌技术研究推广中心提供的植物微生态制剂（符合 GB20287—2006，有效活菌数≥8.0 亿个/g）。包括生物拌种剂和抗重茬微生态制剂两种类型，其活菌数和活菌种类完全一致。复合肥含 N 量12%，含 P 量18%，含 K 量15%。

试验为大田试验，种植模式为单垄裸地种植，种植行距 50cm，穴距 15cm，机械穴播，共设 4 个处理，分别为 CF 处理：只施加常规复合肥；SDA 处理：施加常规复合肥后施用生物拌种剂处理种子；MEA 处理：施加常规复合肥后施用抗重茬微生态制剂；SDA+MEA 处理：施加常规复合肥后既使用生物拌种剂处理种子，同时使用抗重茬微生态制剂，具体施用量见表 2-1。花生播种量为 225kg/hm²，每个处理面积 0.16hm²，共计 0.64hm²。复合肥在播种前施入土壤，结合深耕施于 15~25cm 土层内作为基肥，抗重茬微生态制剂在播种时结合播种浅耕施于 5~15cm 土层，生物拌种剂在播种前两天拌入种子并将种子风干，每千克花生种子施用生物拌种剂 33.33ml。分别在花生花针期、结荚期、成熟期采样，统计分析植株生长状况，并在结荚期与成熟期采集根系土壤分析其酶活性以及土壤细菌、土壤真菌的群落结构。

表 2-1 试验设计

处理	复合肥	生物拌种剂	抗重茬微生态制剂
CF	150kg/hm^2		
SDA	150kg/hm^2	33.33ml/kg	
MEA	150kg/hm^2		75kg/hm^2
SDA+MEA	150kg/hm^2	33.33ml/kg	75kg/hm^2

3. 测定项目方法

（1）花生生长测定

1）光合速率

采用美国 Li-Cor 公司生产的 Li-6400 型便携式光合系统测定仪测定：花生叶片净光合速率、气孔导度及胞间 CO_2 浓度。在各个生育期中，选取天气晴朗无风的日期，于上午 9:00—11:00 测定，采用五点取样法随机选取 15 株（第一次测定时选取具代表性植株，并作相应标记，作为后续测量的对照）测定花生光合速率等参数，重复 3 次。

2）叶绿素含量

使用 SPAD-502 型叶绿素仪进行测定，采用五点取样法随机选取 15 株（第一次测定时选取具代表性植株，并作相应标记，作为后续测量的对照）测定花生叶绿素含量，重复 3 次。

3）花生植株养分含量

称取风干后植物样品 0.5 g 装入 100ml 凯氏瓶，加 5ml 浓硫酸，摇匀后放置过夜，在消煮炉上加热至 H_2SO_4 煮至冒白烟，当溶液呈均匀的棕黑色时从消煮炉上取下，稍冷后加数滴 H_2O_2，再次加热至微沸，消煮 5~10min，冷却后重复加入 H_2O_2 再次消煮，如此重复，消煮数次至溶液呈无色后，再加热 5~10min，除去溶液中多余的 H_2O_2。将消煮液转移入容量瓶，冷却定容。使用无磷的干燥滤纸过滤后吸取上清液测定氮、磷、钾、钙和镁元素含量。

4）花生产量

在收获期，取 1.2m（两垄）×1.7m 的小区收获花生荚果，每个处理取 3 个小区作为重复，现场摘取花生荚果部分并去除泥土，称取每个小区花生荚果鲜重，换算为每公顷产量，取 3 个小区平均值作为各个处理的花生产量。

5）根系活力

分别在 3 个生育时期取 4 个处理长势相同的植株，每个处理五点采样，3 次重复共计 15 株。将根须从根、茎交界处剪下，洗净擦干备用。采用 TTC（氯化三苯基四氮唑）染色法测定。取 0.5 g 花生根系，用 0.6% 的 TTC 溶液 20ml 浸泡染色 24h，染色后倒掉缓冲液，用去离子水冲洗 3 次，再加入 20ml 95% 乙醇，85℃ 水浴 10min，提取根系中不溶于水的三苯基甲腙（TTF）。于 485nm 波长下测提取液的吸光值，用 μg/（g·h）表示根系活力。

6）超氧化物歧化酶（Super Oxide Dimutese SOD）

超氧化物歧化酶活性测定采用氮蓝四唑法，取粗酶液 0.2ml 置于试管内，依次往试管内加入 1.5ml 的 50mmol/L pH 值 7.8 的磷酸缓冲液，0.3ml 的 130mmol/L 甲硫氨酸溶液，0.3ml 的 750μmol/L 氮蓝四唑溶液，0.3ml 的 100μmol/L 乙二酸四乙胺二钠溶液，0.2ml 的 20μmol/L 核黄素溶液，对照管加蒸馏水，不加粗酶提取液，最后加入适量的蒸馏水使各管体积均为 3ml，充分摇匀后将处理管置于 4 000lx 下光照 20min，测其 560nm 的吸光度值，酶活性以氮蓝四唑被抑制 50% 为 1 个酶活性单位，以鲜质量酶单位（U/g）表示。

7）过氧化物酶（peroxidase POD）

过氧化物酶含量测定采用愈创木酚法，取 0.1ml 粗酶液置于试管内，依次加入 2.9ml 0.05mol/L 磷酸缓冲液；1.0ml 2% H_2O_2；1.0ml 0.05mol/L 愈创木酚。反应体系加入酶液后，立即置于 34℃ 水浴保温 3min，稀释 1 倍后于 470nm 波长下比色，每隔 1min 记录吸光值，共记录 5 次，以每分钟 A470 变化 0.01 个吸光度值所需酶量为 1 个酶活性单位（U/g）。

8）过氧化氢酶（catalase CAT）

过氧化氢酶活性的测定采用紫外分光法，取粗酶提取液 0.4ml 置于试管内，依次往试管中加入 pH 值 7.0 的 50mmol/L 磷酸缓冲液 3ml，粗酶提取液 0.4ml，于 25℃ 预热后加入 0.1mol/L 的过氧化氢溶液 0.6ml，测其在 240nm 下吸光度值，然后以每分钟 A_{470} 变化 0.01 个吸光度值所需酶量为 1 个酶活性单位（U/g）。

9）丙二醛（malondialdehyde MDA）

丙二醛的含量采用硫代巴比妥酸法测定，取 1ml 粗酶提取液，向其中依次加入 3ml 浓度为 5% 的三氯乙酸溶液，1ml 的 0.67% 硫代巴比妥酸溶液，充分混匀后，在沸水中水浴 30min，然后置于冰水中冷却，再将其在 4 000r/min、4℃ 低温条件下离心 10min，测其在 600nm、532mn、450mn 的吸光度值，计算丙二醛含量。

（2）花生土壤酶活性测定

花生土壤脲酶采用 Solarbio 公司 BC0120 号土壤脲酶试剂盒测定，土壤酸性磷酸酶采用 Solarbio 公司 BC0140 号土壤酸性磷酸酶试剂盒测定，土壤过氧化氢酶采用 Solarbio 公司 BC0100 号土壤过氧化氢酶试剂盒测定。操作以试剂盒说明书为准。

（3）花生根际土壤微生物群落结构测定

花针期时，取花生植株小心抖落根系表层土壤，用无菌刷轻轻刷取根际区域 2~3mm 紧密黏附在根表面的土壤置于无菌袋中，每 3 株相同处理的花生根际土壤样品混合为 1 个土壤样本重复，每处理 3 次重复，置于 -80℃ 保存。使用 FastDNA 试剂盒提取土壤 DNA，随后使用 PowerClean DNA 试剂盒进行 DNA 纯化。每个土样包含 3 次重复，进行 3 次 DNA 提取以确保 DNA 样本浓度和质量。提取的 DNA 使用 NanoDrop ND-1000 分光光度计测量。

PCR 扩增采用 NEB 公司的 Q5 高保真 DNA 聚合酶进行，引物信息见表 2-2。样品统一稀释到 20ng/μl，加入反应混合物，其中包括反应缓冲液 5μl，GC 缓冲液 5μl，dNTP（2.5mmol/L）2μl，正向引物（10μmol/L）1μl，反向引物（10μmol/L）1μl，DNA 模板 2μl，ddH$_2$O 8.75μl，Q5 DNA 聚合酶 0.25μl，最终体积为 25μl，PCR 反应包括在 98℃ 下初变性 2min，98℃ 下变性 15s，55℃ 下退火 30s，72℃ 下延伸 30s，72℃ 下最终延伸 5min，保持 10℃ 进行 25~30 循环。PCR 扩增产物通过 2% 琼脂糖凝胶电泳进行检测，采用 AXYGEN 公司的凝胶回收试剂盒进行回收，参照电泳初步定量结果，将 PCR 扩增回收产物进行荧光定量，荧光试剂为 Quant-iT PicoGreen dsDNA Assay Kit，定量仪器为 Microplate reader（BioTek，FLx800）。根据荧光定量结果，按照每个样本的测序量需求，对各样本按相应比例进行混合。Illumina MiSeq 高通量 DNA 测序在派森诺生物科技有限公司进行。

表 2-2　引物核苷酸序列

引物名称	前引物序列	后引物序列
标准细菌 V3-V4	ACTCCTACGGGAGGCAGCA	GGACTACHVGGGTWTCTAAT
标准真菌 ITS1	GGAAGTAAAAGTCGTAACAAGG	GCTGCGTTCTTCATCGATGC

4. 数据分析处理

使用 SPSS 21.0 软件检验数据差异显著性，使用 Origin 软件和 EXCEL 2014 软件进行制图。花生土壤细菌及真菌测序所得的原始数据首先运用 QIIME 软件识别疑问序列。并对各处理样本在不同分类水平的具体组成进行分析，根据 OTU 划分和分类地位鉴定结果使用 R 软件对群落组成结构进行 PLS-DA 分析。

二、结果与分析

（一）不同施肥处理对花生生长的影响

1. 不同施肥处理对花生光合特性的影响

（1）不同施肥处理对花生叶绿素含量的影响

叶绿素是作物光合作用的物质基础，作物光合作用强弱的决定因素之一就是叶片的叶绿素含量。由图 2-4 可知，4 种施肥处理下，花生叶片叶绿素含量在不同时期变化趋势相同，均随生育期变化逐步下降，花针期为最大值，成熟期降至最低。不同生育期下不同施肥处理的叶绿素含量排序为：花针期，SDA+MEA>MEA>SDA>CF，SDA+MEA 叶绿素含量为 48.29mg/g，CF 叶绿素含量为 35.91mg/g，SDA+MEA 较 CF 提高 34.48%；结荚期，MEA>SDA+MEA>SDA>CF，MEA 叶绿素含量为 35.77mg/g，CF 为 28.57mg/g，MEA 较 CF 提高 25.2%。与 CF 处理相比，SDA、MEA 和 SDA+MEA 在花针期和结荚期时均提高了花生叶片叶绿素含量，且具有显著差异。成熟期时，CF、SDA 和 MEA 处理间差异不显著。

（2）不同施肥处理对花生光合指标的影响

植物将无机物转换成有机物的主要途径是光合作用，体现作物光合能力的重要指标是叶片的净光合速率。CO_2 作为光合作用的原料，当叶片细胞间 CO_2 越少，证明参与光合作用反消耗的 CO_2 越多，净光合速率越大。气孔导度表示气孔张开的程度，也是重要的光合指标。通常认为，通过提高叶

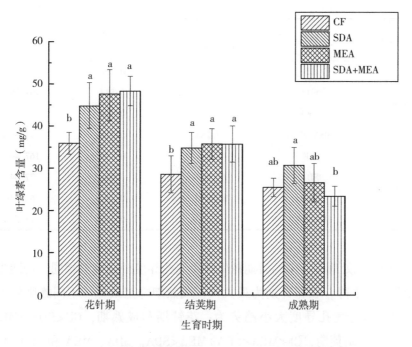

图 2-4　不同施肥处理对花生不同生育时期叶绿素含量的影响

片的光合速率，可以促使光合产物积累，产量相对提高。由表 2-3 可知，4 种施肥处理下，不同时期花生净光合速率均呈现先上升后降低的趋势，在结荚期为最大值，成熟期降至最低。花针期与结荚期 4 个处理未呈现显著差异。成熟期：CF<MEA<SDA+MEA<SDA。成熟期 SDA 处理的净光合速率最大，为 19.34μmol/(m² · s)，CF 净光合速率为 9.56μmol/(m² · s)，SDA 较 CF 提高 1.02 倍。SDA、MEA 和 SDA+MEA 处理均提高了花生净光合速率，并与 CF 处理差异显著。

表 2-3　对花生不同生育时期光合指标的影响

生育时期	处理	净光合速率 [μmol/(m² · s)]	气孔导度 [mmol/(m² · s)]	胞间 CO_2 浓度 (μmol/mol)
	CF	17.66a	0.67b	209.60a
	SDA	18.20a	0.79a	207.00a
花针期	MEA	19.18a	0.71ab	199.80a
	SDA+MEA	18.16a	0.70ab	208.80a

（续表）

生育时期	处理	净光合速率 $[\mu mol/(m^2 \cdot s)]$	气孔导度 $[mmol/(m^2 \cdot s)]$	胞间 CO_2 浓度 （$\mu mol/mol$）
结荚期	CF	24.18a	0.28b	144.40a
	SDA	24.44a	0.52a	107.24b
	MEA	24.38a	0.37b	74.18c
	SDA+MEA	27.28a	0.38b	94.36bc
成熟期	CF	9.56c	0.14b	167.40a
	SDA	19.34a	0.23a	77.04c
	MEA	13.336bc	0.19ab	64.84c
	SDA+MEA	14.78ab	0.18ab	118.58b

4 种施肥处理下，不同时期花生叶片气孔导度变化趋势相同，均随生育期变化逐步下降，在花针期为最大值，成熟期降至最低。不同施肥处理在不同生育期的气孔导度大小趋势为：花针期和成熟期，CF<SDA+MEA<MEA<SDA；结荚期，CF<MEA<SDA+MEA<SDA。SDA、MEA 和 SDA+MEA 处理在 3 个生育期均提高了花生叶片气孔导度，SDA 处理在 3 个生育期气孔导度均为最大，且与 CF 处理形成显著差异，花针期 SDA 气孔导度为 $0.79mmol/(m^2 \cdot s)$，CF 气孔导度为 $0.67mmol/(m^2 \cdot s)$，SDA 较 CF 处理提高 17.91%；在结荚期 SDA 气孔导度为 $0.52mmol/(m^2 \cdot s)$，CF 处理为 $0.28mmol/(m^2 \cdot s)$，SDA 较 CF 处理提高 85.71%，花针期 SDA 气孔导度为 $0.79mmol/(m^2 \cdot s)$，CF 处理为 $0.67mmol/(m^2 \cdot s)$，SDA 较 CF 处理提高 17.91%，结荚期 SDA 气孔导度为 $0.79mmol/(m^2 \cdot s)$，CF 处理为 $0.67mmol/(m^2 \cdot s)$，SDA 较 CF 处理提高 17.91%，成熟期 SDA 气孔导度为 $0.23mmol/(m^2 \cdot s)$，CF 处理为 $0.14mmol/(m^2 \cdot s)$，SDA 较 CF 处理提高 64.29%。SDA 处理在花针期与成熟期未与 MEA 和 SDA+MEA 处理形成显著性差异，而结荚期时与两个处理具有显著性差异。

4 种施肥处理下，不同时期花生叶片胞间 CO_2 浓度均呈现随生育期变化逐渐下降趋势，在花针期为最大值，成熟期降至最低。不同施肥处理在不同生育期的胞间 CO_2 浓度为：花针期及成熟期，MEA<SDA+MEA<SDA<CF；结荚期，MEA<SDA+MEA<SDA<CF。SDA、MEA 和 SDA+MEA 处理在 3 个生育期均降低

了花生胞间 CO_2 浓度，MEA 处理在 3 个生育期胞间 CO_2 浓度最低，在结荚期和成熟期与 CF 处理形成显著差异，结荚期 MEA 胞间 CO_2 浓度为 144.40μmol/mol，CF 处理为 74.18μmol/mol，CF 较 MEA 处理增加 94.66%，成熟期 MEA 处理胞间 CO_2 浓度为 167.40μmol/mol，CF 处理为 64.84μmol/mol，CF 较 MEA 处理提高 1.58 倍。MEA 在结荚期与 SDA+MEA 形成显著性差异。

2. 不同施肥处理对花生植株养分含量的影响

由图 2-5 可知，4 种施肥处理中，全钾、全氮和全磷含量无显著性差异。钙、镁离子含量排序为 SDA+MEA>MEA>SDA>CF，MEA 和 SDA+MEA 处理均显著提高了花生植株中钙和镁离子的含量。SDA+MEA 钙离子含量最高，为 1.82mg/g，CF 钙离子含量最低，为 1.46mg/g，SDA+MEA 较 CF 处理提高 24.66%。SDA+MEA 镁离子含量最高，为 1.88mg/g，CF 镁离子含量最低，为 1.76mg/g，SDA+MEA 较 CF 处理提高 6.9%。

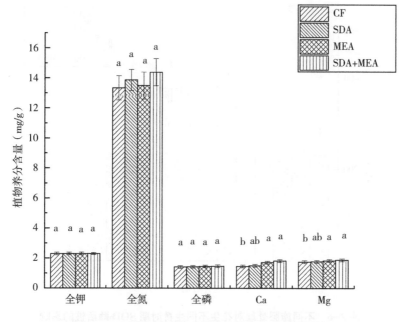

图 2-5 不同施肥处理对花生植株养分含量的影响

3. 不同施肥处理对花生防御酶活性的影响

（1）不同施肥处理对花生超氧化物歧化酶（SOD）的影响

超氧化物歧化酶是一种防御性酶，在生物的好氧代谢过程中起到了重要的作用，是植物在防御活性氧毒害的保护机制。SOD 是一种能清除氧自由基的细胞保护酶，它在提高植物抗逆性、延缓植物衰老方面有着重要的作用。由图 2-6 可知，4 种处理中，SOD 均随花生生育时期的变化呈现先增加后降低的趋势。3 个生育期中，不同处理下 SOD 酶活性排序为：SDA>MEA>SDA+MEA>CF。CF 处理的 SOD 酶含量均为最低值，SDA 处理 SOD 酶活性达到最高。3 个时期中，花针期 SDA 处理 SOD 酶活性为 268.09U/g，CF 处理 SOD 酶活性为 231.32U/g，SDA 较 CF 处理酶活性提高 15.90%；结荚期 SDA 处理 SOD 酶活性为 408.17U/g，CF 处理 SOD 酶活性为 357.13U/g，SDA 较 CF 处理酶活性提高 14.29%；成熟期 SDA 处理 SOD 酶活性为 247.37U/g，CF 处理 SOD 酶活性为 208.14U/g，SDA 较 CF 处理酶活性提高 18.85%。花针期和成熟期时，SDA、MEA 和 SDA+MEA 与 CF 处理呈现显著性差异。结荚期时，SDA 和 MEA 与 CF 处理呈现显著性差异。

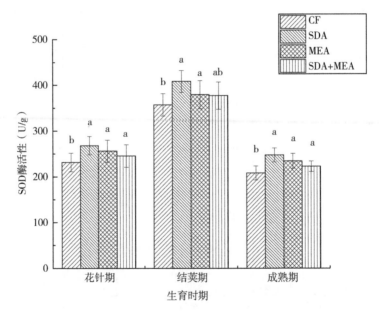

图 2-6　不同施肥处理对花生不同生育时期 SOD 酶活性的影响

（2）不同施肥处理对花生过氧化物酶（POD）的影响

过氧化物酶是广泛分布于植物中的一类氧化还原酶，是细胞保护酶体系的重要成员。在植物遭受各种逆境胁迫时可以清除过剩的自由基，提高植物抗性，增强植物对盐渍、干旱、寒冷、病害和衰老的抵抗能力。由图 2-7 可知，4 种处理下 POD 酶均随花生生育期变化呈现先增加后减少的趋势。3 个生育期中，不同处理间 POD 酶活性排序为：SDA＞SDA＋MEA＞MEA＞CF。CF 处理下 3 个生育期内 POD 酶含量均为最低值，SDA 处理 POD 酶活性均为最高。3 个时期中，花针期 SDA 处理 POD 酶活性为 37.03U/（g·min），CF 处理酶活性为 31.93U/（g·min），SDA 较 CF 处理提高 15.97%；结荚期 SDA 处理 POD 酶活性为 69.68U/（g·min），CF 处理酶活性为 57.83U/（g·min），SDA 较 CF 处理提高 20.49%；成熟期 SDA 处理 POD 酶活性为 35.73U/（g·min），CF 处理酶活性为 27.88U/（g·min），SDA 较 CF 处理提高 28.16%。花针期和结荚期时，SDA、MEA 和 SDA＋MEA 与 CF 处理呈现显著性差异。成熟期时，SDA 与 CF 处理呈现显著性差异。

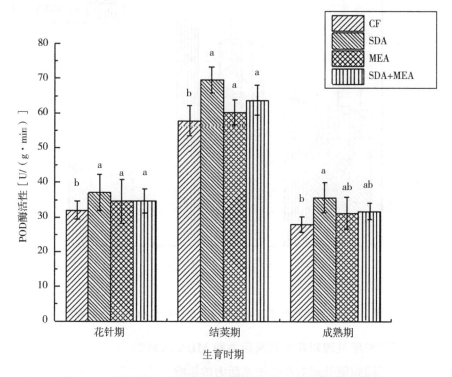

图 2-7 不同施肥处理对花生不同生育时期 POD 酶活性的影响

（3）不同施肥处理对花生过氧化氢酶（CAT）的影响

过氧化氢酶是植物体内的末端氧化酶，它可以催化细胞内 H_2O_2 分解，防止植物体氧化。其在植物抗逆境胁迫，增强植物抗性方面与 SOD 和 POD 具有协同作用。由图 2-8 可知，4 种处理均呈现随花生生育期变化先上升后下降的趋势。3 个生育期中，不同处理间 CAT 酶活性为：SDA＋MEA＞SDA＞CF＞MEA。3 个生育期内 MEA 处理下 CAT 酶含量均为最低值，SDA＋MEA 处理 CAT 酶活性均为最高。3 个时期中，结荚期 SDA＋MEA 处理 CAT 酶活性为 27.48U/（g·min），CF 处理 CAT 酶活性为 20.46U/（g·min），SDA＋MEA 较 CF 处理提高 36.38%，二者呈显著性差异。花针期与成熟期内，4 个处理无显著性差异。

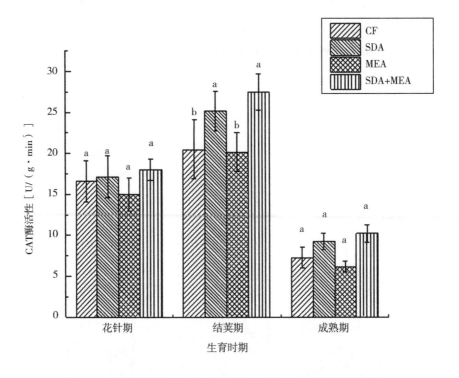

图 2-8 不同施肥处理对花生不同生育时期 CAT 酶活性的影响

4. 不同施肥处理对花生根系活力和 MDA 的影响

（1）不同施肥处理对花生根系活力的影响

植物根系是作物的吸收器官和合成器官，地上部的营养状况受到根的生长情况和活力水平直接影响，根系活力是衡量植物根系生长情况的重要生理指标。由图 2-9 可知，不同处理花生根系活力变化趋势相同，随生育时期呈现先上升后下降的趋势。3 个生育时期中 CF 处理花生根系活力最低，根系活力排序为：花针期及结荚期：SDA>SDA+MEA>MEA>CF；成熟期：MEA>SDA>SDA+MEA>CF。3 个时期中，花针期 SDA 根系活力 184.80μg/（g·h），CF 根系活力 102.04μg/（g·h），SDA 较 CF 处理提高 80.11%；结荚期 SDA 根系活力 402.20μg/（g·h），CF 根系活力 304.55μg/（g·h），SDA 较 CF 处理提高 32.06%；成熟期 MEA 根系活力 77.14μg/（g·h），CF 根系活力 71.85μg/（g·h），SDA 较 CF 处理增加 7.36%。花针期时，SDA、MEA 和 SDA+MEA 与 CF 处理呈现显著性差异，结荚期和成熟期时，SDA 和 MEA 与 CF 处理呈现显著性差异。

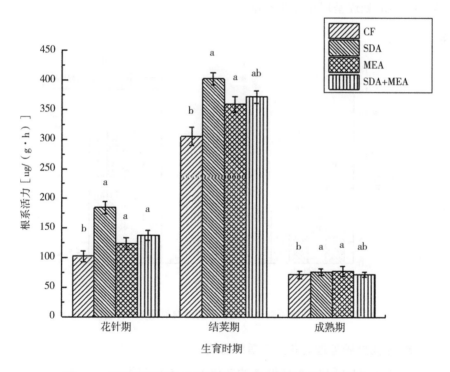

图 2-9 不同施肥处理对花生不同生育时期根系活力的影响

（2）不同施肥处理对花生丙二醛（MDA）含量的影响

丙二醛是脂质过氧化作用中的产物，脂质过氧化作用可以产生脂质自由基，这种自由基不仅可以引发脂质的过氧化作用，还可以使蛋白质变性最终导致植物的损伤以致死亡。因此，MDA 可以代表细胞脂质的过氧化水平和生物膜受损程度大小。由图 2-10 可知，4 种处理下 MDA 含量均呈现随生育期逐渐增加的趋势。3 个生育时期中 CF 处理下的 MDA 含量均为最高，MDA 含量排序为：花针期，CF>SDA+MEA>MEA>SDA；结荚期及成熟期，CF>MEA>SDA+MEA>SDA。花针期 CF 处理 MDA 含量为 7.22mmol/g，SDA 处理 MDA 含量为 4.21mmol/g，SDA 处理降低 41.69%；结荚期 CF 处理 MDA 含量为 15.25mmol/g，SDA 处理 MDA 含量为 7.14mmol/g，SDA 处理降低 53.18%；成熟期 CF 处理 MDA 含量为 17.25mmol/g，SDA 处理 MDA 含量为 10.25mmol/g，SDA 处理降低 40.58%。花针期时，SDA、MEA 和 SDA+MEA 与 CF 处理呈现显著性差异，结荚期和成熟期时，SDA 和 SDA+MEA 与 CF 处理呈现显著性差异。

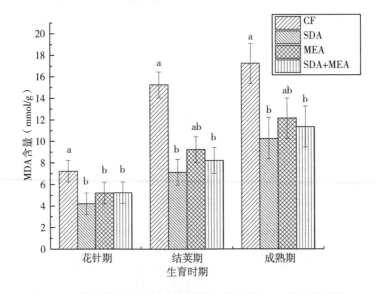

图 2-10　不同施肥处理对花生不同生育时期 MDA 含量的影响

5. 不同施肥处理对花生产量的影响

由图 2-11 可知，4 种处理的花生产量差异较大，产量排序为：SDA+MEA>MEA>SDA>CF，SDA+MEA 花生产量为 432.04kg/亩，CF 花生产量为 372.92kg/亩，SDA+MEA 比 CF 处理增产 15.26%，SDA 比 CF 处理增产 1.89%，MEA 比 CF 处理增加 9.75%，可以看出，3 种方式施用植物微生态制剂均提高了花生产量，其中 SDA+MEA 效果最好，且 SDA+MEA 处理与其他 3 组处理呈现显著差异。

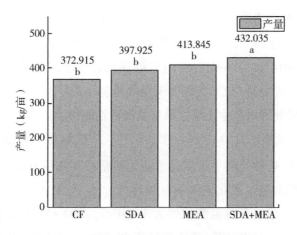

图 2-11　不同施肥处理对花生产量的影响

（二）不同施肥处理对花生土壤酶活性的影响

1. 不同施肥处理对花生土壤脲酶活性的影响

脲酶是一种能促进有机质分子中肽键水解酰胺酶。人们常用土壤的脲酶活性表征土壤的氮素状况。由图 2-12 可以看出，4 种处理下土壤脲酶的活性变化趋势相同，均随花生生育期变化增加。花针期和结荚期土壤脲酶活性排序为：SDA ＞ SDA ＋ MEA ＞ MEA ＞ CF。花针期 CF 土壤脲酶活性为

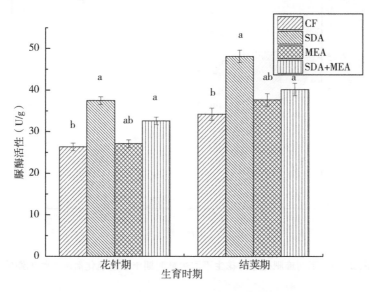

图 2-12　不同施肥处理对花生不同生育时期土壤脲酶活性的影响

7. 22U/g，SDA 脲酶活性为 4. 21U/g，SDA 较 CF 处理提高 71. 50%；结荚期 CF 土壤脲酶活性为 34. 21U/g，SDA 脲酶活性为 48. 11U/g，SDA 较 CF 处理提高 40. 63%。SDA 和 SDA+MEA 与 CF 处理具有显著性差异，均提高了土壤脲酶活性。MEA 处理与 CF 处理间未呈现显著性差异。

2. 不同施肥处理对花生土壤过氧化氢酶活性的影响

过氧化氢酶能催化 H_2O_2 分解为水和氧气，从而解除 H_2O_2 的毒害作用。由图 2-13 可知，4 种处理下土壤过氧化氢酶活性均随生育期变化而降低。花针期和结荚期土壤过氧化氢酶活性排序为：SDA+MEA>SDA>MEA>CF。花针期 CF 处理土壤过氧化氢酶活性为 3. 06U/g，SDA+MEA 过氧化氢酶活性为 5. 78U/g，SDA+MEA 较 CF 处理提高 88. 89%；结荚期 CF 处理过氧化氢酶活性为 0. 36U/g，SDA+MEA 过氧化氢酶活性为 1. 47U/g，SDA+MEA 较 CF 处理增加 3. 08 倍。花针期时 SDA 和 SDA+MEA 处理显著提高了土壤过氧化氢酶活性，结荚期时 3 种方式施用植物微生态制剂均显著提高了土壤过氧化氢酶活性。

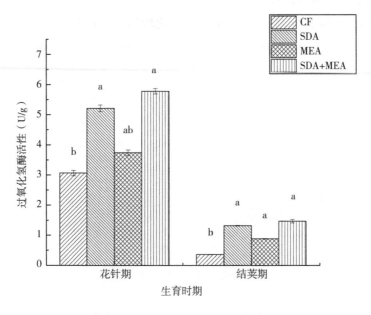

图 2-13 不同施肥处理对花生不同生育时期土壤过氧化氢酶活性的影响

3. 不同施肥处理对花生土壤酸性磷酸酶活性的影响

磷酸酶促进有机磷化合物分解，为植物生长提供有效磷素。土壤的磷酸酶活性可以表征土壤的肥力状况。由图 2-14 可知，4 种处理下土壤磷酸酶的活性均随生育期变化而升高。土壤酸性磷酸酶活性排序为：SDA＋MEA＞SDA＞MEA＞CF。花针期 CF 处理酶活性为 56.37nmol/（d·g），SDA＋MEA 酶活性为 67.84nmol/（d·g），SDA＋MEA 较 CF 处理提高 20.35%；结荚期 CF 处理酶活性为 84.16nmol/（d·g），SDA＋MEA 酶活性为 124.11nmol/（d·g），SDA＋MEA 较 CF 处理提高 47.47%。花针期时，SDA、MEA 和 SDA＋MEA 处理均显著提高了土壤酸性磷酸酶活性，结荚期时仅有 SDA＋MEA 处理显著提高了土壤酸性磷酸酶活性。

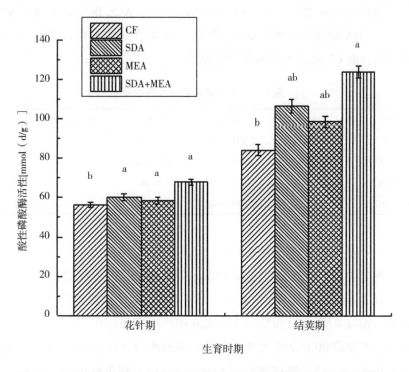

图 2-14　不同施肥处理对花生不同生育时期土壤酸性磷酸酶活性的影响

（三）不同施肥处理对花生根际土壤微生物群落结构的影响

1. 不同施肥处理对花生根际土壤细菌群落结构的影响

（1）不同施肥处理下土壤细菌 Alpha 多样性分析

针对不同侧重点，不同的指数衡量群落的 Alpha 多样性，有些指数侧重于体现群落的丰富度，有些则更倾向于反映群落的均匀度，也有一些多样性指数综合考虑了以上两方面的因素。Chao1 指数和 ACE 指数侧重于体现群落丰富度，Shannon 指数和 Simpson 指数兼顾群落均匀度。对 4 种不同施肥方式处理下土壤的细菌与真菌群落进行 Alpha 多样性分析，4 种处理的 Simpson、Chao1、ACE、Shannon 指数的覆盖率均达到 99%，说明结果可以真实地反映土壤中的微生物多样性。由表 2-4 可知，细菌水平下，SDA 处理的 Simpson、Chao1、ACE、Shannon 指数均为最大值，且 Chao1、ACE 指数与其他处理呈显著性差异。CF 处理的 Chao1、ACE 指数为 4 种处理中最小值，与 SDA 处理呈显著性差异。说明 SDA 处理的细菌具有更高的丰富度和多样性，而 CF 处理的细菌丰富度较低。

表 2-4　土壤细菌多样性指数表

处理	Simpson	Chao1	ACE	Shannon	覆盖率（%）
CF	0.9948a	2 451.32b	2 457.19b	9.9733a	0.99
SDA	0.9966a	3 365.22a	3 606.82a	10.0233a	0.99
MEA	0.9963a	2 550.68b	2 609.36b	9.9433a	0.99
SDA+MEA	0.9855a	2 898.86ab	3 038.50ab	9.4567a	0.99

（2）不同施肥处理下土壤细菌的门水平组成分析

在各分类水平的组成构建 GraPhlAn 等级树，通过不同颜色区分各分类单元。分类等级树展示了 4 个处理全部样本中，从门到属所有分类单元的等级关系，相对丰度前 20 位的分类单元在图中以字母标识。由图 2-15 可知，细菌中，丰度前 20 位的分类单元包括：变形菌门（Proteobacteria）、放线菌门（Actinobacteria）、酸杆菌门（Acidobacteria）、芽单胞菌门（Gemmatimonadetes）和绿弯菌门（Chloroflex）；甲型变形菌纲（Alphaproteobacteria）、嗜热油菌纲（Thermoleophilia）、β-变形菌纲（Betaproteobacteria）和酸杆菌纲（Acidobacteria）；根瘤菌目（Rhizobiales）、鞘脂单胞菌目（Sphingomonadales）、伯克霍尔德氏菌目（Burkholderiales）、芽单胞菌目（Gemma-timonadales）；鞘脂单胞菌科（Sphingomonadaceae）、伯克氏菌科（Burkhold-eriaceae）、酸菌科（Acidobacteriaceae）和芽单胞菌科（Gemmatimonadace-ae）；鞘氨醇单胞菌属（Sphingomonas）。

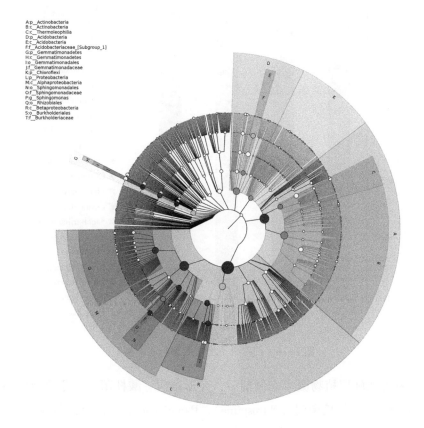

图 2-15　土壤细菌 GraphlAn 等级树图

不同处理细菌门水平下的群落结构如图 2-16 所示，3 种方式施用植物微生态制剂后，放线菌门（Actinobacteria）、拟杆菌门（Bacteroidetes）、螺旋体菌门（Saccharibacteria）、厚壁菌门（Firmicutes）、浮霉菌门（Plancto-mycetes）、疣微菌门（Verrucomicrobia）、装甲菌门（Armatimonadetes）和 FBP 菌门的相对丰度增加。其中放线菌门在 CF、SDA、MEA 和 SDA+MEA 处理中相对丰度为 16.84%、21.68%、21.26% 和 23.95%；螺旋体菌门在 CF、SDA、MEA 和 SDA+MEA 处理中相对丰度为 2.94%、4.39%、3.64% 和

6.58%；厚壁菌门在 CF、SDA、MEA 和 SDA＋MEA 处理中相对丰度为 1.04%、1.94%、2.57%和 2.64%。可以看出，SDA＋MEA 处理对菌群相对丰度提高效果最为显著。

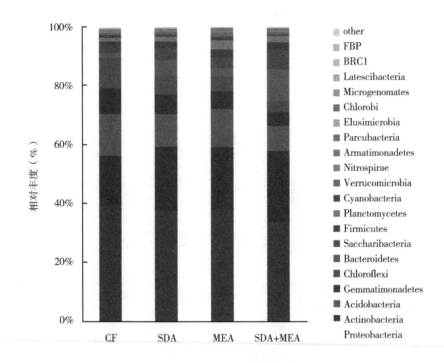

图 2-16　门水平下土壤细菌群落结构

3种方式施用植物微生态制剂后，变形菌门、酸杆菌门、芽单胞菌门、绿弯菌门、硝化螺旋菌门（Nitrospirae）、Parcubacteria 和拉氏杆菌（Latescibacteria）菌群相对丰度降低。其中变形菌门在 CF、SDA、MEA 和 SDA＋MEA 处理中相对丰度为 39.77%、37.95%、38.27%和 34.28%；酸杆菌门在 CF、SDA、MEA 和 SDA＋MEA 处理中相对丰度为 14.01%、11.15%、12.83%和8.32%；芽单胞菌门在 CF、SDA、MEA 和 SDA＋MEA 处理中相对丰度为 8.91%、6.56%、6.23%和 4.73%。可以看出，SDA＋MEA 处理对菌群相对丰度降低效果最明显。

（3）不同施肥处理下土壤细菌 PLS-DA 分析

PLS-DA（Partial Least Squares Discriminant Analysis）作为一种监督识别

微生物群落结构分布的方法，以偏最小二乘回归模型为基础，根据给定的样本分布，对群落结构数据进行判别分析。每个点代表一个样本，颜色相同的点属于同一分组，相同分组的点以椭圆标出。如果属于同一分组的样本彼此之间距离越近，同时不同分组的点之间的距离越远，表明分类模型效果越好。由图 2-17 可知，4 个处理分别处于 3 个不同象限，SDA 处理与 MEA 处理几乎重合处于第一象限，CF 处理处于第三象限，SDA+MEA 处理则处于第四象限。CF 处理沿 PLS2 轴与 SDA 处理和 MEA 处理分离，沿 PLS1 轴与 SDA+MEA 处理分离。PLS-DA 图清晰显示了 CF、SDA、MEA 和 SDA+MEA 处理的菌群组成存在显著差异。

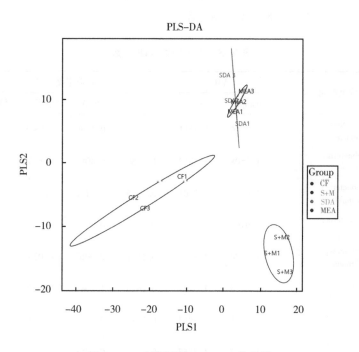

图 2-17 土壤细菌 PLS-DA 分布图

在建立判别模型的基础上，利用 PLS-DA 分析方法计算了各物种在属上的重要度（VIP）系数。VIP 值越大，说明该物种对处理间差异的贡献越大。对 VIP 系数大于 1 且前 10 个相对丰度在属水平上存在显著差异的优势类群，按 VIP 系数的大小进行排序。如表 2-5 所示，在细菌水平下关键属种包括无色杆菌属（*Leucobacter*）、移杆菌属（*Motilibacter*）和 *Pseudoclavibacter* 等 10 个菌属。其中,无色杆菌属、*Jatrophihabitans*、*Mucilaginibacter*、移杆菌属和 *Pseudoclavibacter* 在 SDA、MEA 和 SDA+MEA 处理中丰度提高,在 CF 处理中相对丰度值最小。无色杆菌属在 SDA 处理中相对丰度为 0.134%,在 CF 中处理中相对丰度为 0.011%,SDA 处理提高 11.18 倍;*Pseudoclavibacter* 在 SDA 处理中相对丰度为 0.130%,在 CF 处理中相对丰度为 0.019%,SDA 处理提高 5.84 倍;*Mucilaginibacter* 在 SDA 处理中相对丰度为 1.134%,在 CF 处理中相对丰度为 0.162%,SDA 处理增加 6 倍;移杆菌属在 SDA 处理中相对丰度为 0.040%,在 CF 处理中相对丰度为 0.004%,SDA 处理增加 9 倍;*Pseudoclavibacter* 在 SDA 处理中相对丰度为 0.130%,在 CF 中处理中相对丰度为 0.019%,SDA 处理提高 5.84 倍。

表 2-5　土壤细菌 VIP 指数

分类单元	VIP		相对丰度（%）			
	comp. 1	comp. 2	CF	SDA	MEA	SDA+MEA
p__Actinobacteria; g__Leucobacter	1.9866	1.4111	0.0105	0.1339	0.0889	0.0812
p__Proteobacteria; g__Variibacter	1.9508	1.3719	1.5568	0.408	0.8337	0.7524
p__Actinobacteria; g__Jatrophihabitans	1.9191	1.3601	0.6735	2.6198	1.9297	1.8041
p__Proteobacteria; g__Bauldia	1.9100	1.4228	0.0671	0	0	0.0128
p__Bacteroidetes; g__Parafilimonas	1.8978	1.3545	0.1112	0.0063	0.0296	0.0257
p__Bacteroidetes; g__Mucilaginibacter	1.8773	1.3227	0.1616	1.1342	0.8696	0.8742
p__Proteobacteria; g__Nordella	1.8155	1.3963	0.1783	0	0.0063	0.0043
p__Actinobacteria; g__Motilibacter	1.7917	1.3267	0.0042	0.0398	0.019	0.0257
p__Actinobacteria; g__Pseudoclavibacter	1.7793	1.2513	0.0189	0.1297	0.0952	0.0898
p__Proteobacteria; g__Polycyclovorans	1.7774	1.3897	0.0357	0	0	0

Variibacter、*Bauldia*、*Parafilimonas*、*Nordella* 和 *Polycyclovorans* 在 SDA、MEA 和 SDA+MEA 处理中丰度下降,在 CF 处理中相对丰度值最大。*Varii-*

bacter 在 SDA 处理中相对丰度为 0.408%，在 CF 处理中相对丰度为 1.557%，SDA 处理降低 73.80%；*Parafilimonas* 在 SDA 处理中相对丰度为 0.006%，在 CF 中处理中相对丰度为 0.111%，SDA 处理降低 45.45%；*Bauldia*、*Nordella* 在 SDA 处理中相对丰度值降低为 0。*Polycyclovorans* 在 SDA、MEA 和 SDA+MEA 处理中丰度值均为 0，即施加抗重茬微生态制剂消除了 *Polycyclovorans* 这一菌属。可以看出施用植物微生态制剂对细菌关键菌属相对丰度产生了显著的影响。

2. 不同施肥处理对花生根际土壤真菌群落结构的影响

（1）不同施肥处理下土壤真菌 Alpha 多样性分析

由表 2-6 可知，在真菌水平下，CF 处理的 Chao1、ACE、Simpson、Shannon 指数均为最大值，MEA 处理的 Chao1、ACE、Simpson、Shannon 指数均为最小值。CF 处理的 Shannon 与 Simpson 指数与其他处理呈显著性差异，说明 CF 处理的真菌多样性最高，而 3 种不同方式施用植物微生态制剂降低了真菌的多样性，真菌的丰富度无显著变化。

表 2-6　土壤真菌多样性指数

处理	Simpson	Chao1	ACE	Shannon	覆盖率（%）
CF	0.9683a	508.69a	509.06a	6.4400a	0.99
SDA	0.8577b	445.87a	451.29a	4.7933b	0.99
MEA	0.8299b	420.14a	421.97a	4.5633b	0.99
SDA+MEA	0.9102ab	442.69a	440.60a	5.2633b	0.99

（2）不同施肥处理下土壤真菌的门水平组成分析

由图 2-18 可知，真菌中丰度前 20 位的分类单元包括：子囊菌门（Ascomycota）、担子菌门（Basidiomycota）和接合菌门（Zygomycota）；子囊菌纲（Sordariomycetes）、散囊菌纲（Eurotiomycetes）、伞菌纲（Agaricomycetes）和被孢霉纲（Mortierellales）；肉座菌目（Hypocreales）、散囊菌目（Eurotiales）、糙孢孔目（Trechisporales）、伞菌目（Agaricales）和被孢霉目（Mortierellaceae）；生赤壳科（Bionectriaceae）、发菌科（Trichocomaceae）、伞菌科（Agaricaceae）和被孢霉科（Mortierella）；篮状菌属（*Talaromyces*）、青霉属（*Penicillium*）和白环蘑属（*Leucoagaricus*）。

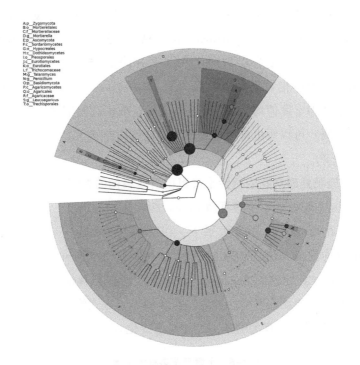

图 2-18　土壤真菌 GraphlAn 等级树图

不同处理真菌门水平下群落结构如图 2-19 所示，施用植物微生态制剂后子囊菌门、接合菌门、壶菌门和球囊菌门（Glomeromycota）相对丰度降

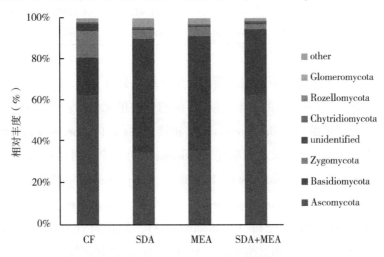

图 2-19　门水平下土壤真菌群落结构

低。其中子囊菌门在 CF、SDA、MEA 和 SDA＋MEA 处理中相对丰度为 54.80%、32.20%、25.36% 和 51.26%；接合菌门在 CF、SDA、MEA 和 SDA+MEA 处理中相对丰度为 11.07%、3.94%、2.98% 和 1.87%；壶菌门在 CF、SDA、MEA 和 SDA＋MEA 处理中相对丰度为 0.68%、0.64%、0.66% 和 0.59%。

担子菌门和罗兹菌门（Rozellomycota）在施加植物微生态制剂后丰度增加。担子菌门在 CF、SDA、MEA 和 SDA+MEA 处理中相对丰度为 15.89%、50.11%、38.72% 和 25.24%；罗兹菌门在 CF、SDA、MEA 和 SDA+MEA 处理中相对丰度为 0.03%、0.03%、0.03% 和 0.07%。

（3）不同施肥处理下土壤真菌 PLS-DA 分析

由图 2-20 可知，4 个处理分别处于 3 个不同象限，SDA 处理与 MEA 处理几乎重合处于第一象限，CF 处理处于第二、第三象限，SDA+MEA 处理则处于第四象限。CF 处理沿 PLS2 轴与 SDA 处理和 MEA 处理分离，沿 PLS1 轴与 SDA+MEA 处理分离。PLS-DA 图清晰显示了 CF、SDA、MEA 和

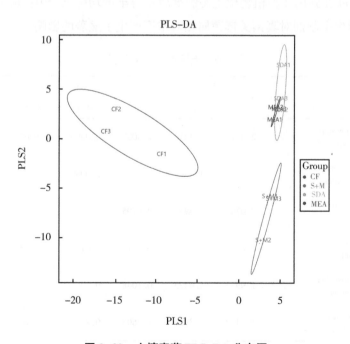

图 2-20 土壤真菌 PLS-DA 分布图

SDA+MEA 处理的菌群组成存在显著差异。

表 2-7 所示，在真菌水平下关键属种包括枝孢属（*Cladosporium*）、被孢霉属（*Mortierella*）、球囊霉属（*Glomus*）、镰刀菌属（*Fusarium*）、假裸囊菌属（*Pseudogymnoascus*）、隐球酵母属（*Cryptococcus*）等 10 个菌属。其中被孢霉属 SDA、MEA 和 SDA+MEA 处理中相对丰度增加，枝孢属在 SDA 和 MEA 处理中相对丰度提高。镰刀菌属、隐球酵母属和酵母菌属（*Pseudozyma*）等 6 个菌属在 SDA、MEA 和 SDA+MEA 处理中相对丰度下降。其中镰刀菌属在 SDA+MEA 处理中相对丰度为 0.013%，CF 处理相对丰度值为 0.142%，SDA+MEA 降低 90.84%；隐球酵母属在 SDA+MEA 处理中相对丰度为 0.201%，CF 处理相对丰度为 0.901%，SDA+MEA 处理降低了 77.69%。酵母菌属在 SDA+MEA 处理中相对丰度为 0.101%，CF 处理相对丰度为 0.186%，SDA+MEA 降低 74.73%；*Pseudogymnoascus* 在 SDA+MEA 处理中相对丰度为 0.217%，CF 处理相对丰度为 1.260%，SDA+MEA 降低 82.78%。*Camarosporium* 在 SDA+MEA 处理中相对丰度降低至 0；*Glomus* 和 *Scleroderma* 在施用 3 种植物微生态制剂后相对丰度均降低至 0；可以看出施加植物微生态制剂对真菌关键菌属相对丰度产生了显著的影响。

表 2-7　土壤真菌 VIP 指数

分类单元	VIP		相对丰度（%）			
	comp. 1	comp. 2	CF	SDA	MEA	SDA+MEA
p__Basidiomycota; g__Guehomyces	2.0715	1.4858	1.3087	0.0996	0.0262	0.0433
p__Ascomycota; g__Cladosporium	2.0706	1.4945	0	0.0039	0.0459	0
p__Glomeromycota; g__Glomus	2.0706	1.4945	0.0105	0	0	0
p__Ascomycota; g__Fusarium	2.0085	1.4749	0.1415	0.0157	0.0315	0.0131
p__Basidiomycota; g__Scleroderma	1.9987	1.4425	0.1048	0	0	0
p__Ascomycota; g__Pseudogymnoascus	1.9402	1.3926	1.2603	0.2176	0.1783	0.1574

（续表）

分类单元	VIP		相对丰度（%）			
	comp. 1	comp. 2	CF	SDA	MEA	SDA+MEA
p__Basidiomycota； g__Cryptococcus	1.9145	1.4403	0.9013	0.4142	0.2202	0.2006
p__Zygomycota； g__Mortierella	1.9040	1.4300	1.09271	1.7800	3.5432	1.9264
p__Ascomycota； g__Camarosporium	1.8341	1.3957	0.0537	0	0.0131	0
p__Basidiomycota； g__Pseudozyma	1.8193	1.3234	0.1860	0.0629	0.0472	0.1010

三、结论

在本试验条件下，施加植物微生态制剂（抗重茬微生态制剂和生物拌种剂，以及两种方式同时施用）均能够提高花生植株的各项生理性状，保护性酶活性、产量、土壤酶活性并且改善土壤中的微生物环境。其中，施加抗重茬微生态制剂处理对花生植株的生理性状以及酶活性的提高有更好的效果；施加生物拌种剂对土壤中的酶活性有较好的提高效果；从产量以及土壤中微生物群落变化上看，同时施用抗重茬微生态制剂以及生物拌种剂对于产量的提高效果最为显著，对微生物群落结构改善效果也最明显。

参考文献

曹君，高智谋，潘月敏，等，2005.枯草芽孢杆菌 BS 菌株和哈茨木霉 TH-1 菌株对棉花枯黄萎病菌的拮抗作用 [J].植物病理学报（S1）：170-172.

陈潇航，韦继光，李柱林，等，2018.菩提树炭疽病病原种类鉴定及室内药效测定 [J].农业研究与应用，31（3）：26-33.

陈志谊，许志刚，陆凡，等，2001.拮抗细菌 B916 对水稻植株的抗性诱导作用 [J].西南农业学报，14（2）：44-48.

古丽君，徐秉良，梁巧兰，等，2013.生防木霉对草坪土壤微生物区系的影响及定殖能力研究 [J]. 草业学报, 22 (3): 321-326.

韩松, 张守村, 林天兴, 等, 2011. 一株拮抗棉花枯萎病菌产铁载体内生细菌的筛选 [J]. 安徽农业科学, 39 (21): 12712-12713, 12729.

刘雪, 穆常青, 蒋细良, 等, 2006. 枯草芽孢杆菌代谢物质的研究进展及其在植病生防中的应用 [J]. 中国生物防治, 22 (S1): 179-184.

冉隆贤, 向妙莲, 周斌, 等, 2005. 荧光假单胞杆菌的嗜铁素是控制桉树灰霉病的主要因子 [J]. 植物病理学报, 35 (1): 6-12.

许圆圆, 宁娜, 李发康, 等, 2018. 2 种生防菌对苹果树 3 种病害病原菌拮抗作用比较 [J]. 甘肃农业科技 (11): 24-29.

曾莉, 朱孟沼, 刘树芳, 等, 2006. 筛选放线菌活性产物防治烟草黑胫病的初步研究 [J]. 植物保护学报, 33 (2): 221-222.

ASAKA O, SHODA M, 1996. Biocontrol of Rhizoctonia solani damping-off of tomato with *Bacillus subtilis* RB14 [J]. Applied and Environmental Microbiology, 62 (11): 4081-4085.

BAIS H P, FALL R, VIVANCO J M, 2004. Biocontrol of bacillus subtilis against infection of Arabidopsis roots by *Pseudomonas syringae* is facilitated by biofilm formation and surfactin production [J]. Plant Physiology, 134 (1): 307-319.

BENI MENDES R, KRUIJT M, DE BRUIJN I, et al., 2011. Deciphering the rhizosphere microbiome for disease-suppressive bacteria [J]. Science, 332 (6033): 1097-1100.

BENÍTEZ M S, MCSPADDEN GARDENER B, 2009. Linking sequence to function in soil bacteria: Sequence-directed isolation of novel bacteria contributing to soilborne plant disease suppression [J]. Applied and Environmental Microbiology, 75 (4): 915-924.

BERG G, MARTEN P, MINKWITZ A, et al., 2001. Efficient biological control of fungal plant diseases by *Streptomyces* sp. DSMZ 12424 [J]. Zeitschrift fur Pflanzenkrankheiten und Pflanzenschutz, 108 (1): 1-10.

BUDI S W, VAN TUINEN D, ARNOULD C, et al., 2000. Hydrolytic enzyme activity of *Paenibacillus* sp. strain B2 and effects of the antagonistic bacterium on cell integrity of two soil-borne pathogenic fungi [J]. Applied Soil Ecology, 15 (2): 191-199.

CAVAGLIERI L R, PASSONE A, ETCHEVERRY M G M, 2004. Correlation between screening procedures to select root endophytes for biological control of *Fusarium verticillioides* in *Zea mays* L. [J]. Biological Control, 31 (3): 259-267.

Díaz G, Córcoles A I, Asencio A D, et al., 2013. In vitro antagonism of T richoderma and naturally occurring fungi from elms against O phiostoma novo-ulmi [J].Forest pathology, 43 (1), 51-58.

GIACOMODONATO, M N, PETTINARI M J, SOUTO G I, et al., 2001. A PCR-based method for the screening of bacterial strains with antifungal activity in suppressive soybean rhizosphere [J]. World Journal of Microbiology and Biotechnology, 17 (1): 51-55.

HAAS D, KEELC, 2003. Regulation of antibiotic production in root-colonizing *Pseudomonas* spp. and relevance for biological control of plant disease [J]. Annual Review of Phytopathology, 41 (1): 117-153.

HOWELL C R, 2002. Cotton seedling preemergence damping-off incited by *Rhizopus oryzae* and *Pythium* spp. and its biological control with *Trichoderma* spp. [J]. Phytopathology, 92: 177-180.

KWAK M J, KONG H G, CHOI K, et al., 2018. Rhizoshere microbiome structure alters to enable wilt resistance in tomato [J]. Nat. Biotechnol., 36: 1100.

LARKIN R P, 2016. Impacts of biocontrol products on *Rhizoctonia* disease of potato and soil microbial communities, and their persistence in soil [J]. Crop Prot., 90: 96-105.

MARTÍNEZ-GRANERO F, RIVILLA R, MARTÍN M, 2006. Rhizosphere selection of highly motile phenotypic variants of *Pseudomonas fluorescens* with enhanced competitive colonization ability [J]. Applied and Environmental Microbiology, 72 (5): 3429-3434.

PLIEGO C, CAZORLA F M, GONZÁLEZ-SÁNCHEZ M A, et al., 2007.

Selection for biocontrol bacteria antagonistic toward *Rosellinia necatrix* by enrichment of competitive avocado root tip colonizers [J]. Research in Microbiology, 158 (5): 463-470.

SHEN Z, WANG D, RUAN Y, et al., 2014. Deep 16S rRNA pyrosequencing reveals a bacterial community associated with banana *Fusarium* wilt disease suppression induced by bio-organic fertilizer application [J]. PloS One, 9: e98420.

WU Z, HAO Z, SUN Y, et al., 2016. Comparison on the structure and function of the rhizosphere microbial community between healthy and root-rot *Panax notoginseng* [J]. Appl. Soil Ecol., 107: 99-107.

XUE C, PENTON C R, SHEN Z, , et al., 2015. Manipulating the banana rhizosphere microbiome for biological control of Panama disease [J]. Sci. Rep., 5: 14596.

ZHANG Z, YUEN G Y, 2000. The role of chitinase production by *Stenotrophomonas maltophilia* strain C3 in biological control of *Bipolaris sorokiniana* [J]. Phytopathology, 90 (4): 384-389.

第三章　花生连作障碍农业治理技术

第一节　轮作、间作缓解花生连作障碍作用机制

一、作物轮作、间作发展史

作物轮作是指在某一农田土壤上随着时间或季节的推移有顺序地轮换着种植不同种类的作物或轮换着采用不同的复种方式的种植模式。作物轮作是中国农田土地耕种制度的重要组成部分，在现代农业生产体系中发挥着不可忽视的作用，特别是在缓解作物连作障碍方面作用尤为重要。我国早在西汉时期就开始实行轮作制度，《吕氏春秋》《齐民要术》等书已经记载了早期谷、豆、麻等轮作制度，可以说作物轮作在我国具有悠久的历史，是我国农业精耕细作、用地养地相结合的传统经验。目前，我国正在大力倡导建设资源节约型、环境友好型社会，并集合资源去发展循环农业和现代农业。2016 年 9 月，农业部会同中央农办、发展改革委、财政部、国土资源部、环境保护部、水利部、食品药品监督总局、林业局、粮食局联合印发了《探索实行耕地轮作休耕制度试点方案》，提出要在中国东北冷凉区和北方农牧交错区域 500 万亩农田大力发展轮作。

作物间作是指在同一块土地上同时种植两种或两种以上的作物，能够充分利用有限资源，提升单位面积物质产出，同时还具有多重其他生态效益，是一种基于生物多样性的可持续农业发展方式。研究表明，间套作种植能够有效提高资源利用率和粮食产量，增强农业系统的抗风险能力，增加水土保持能力，提高土壤肥力，同时能够抑制病虫草害的发生，是生态农业与可持续农业发展的主要方向之一。间套作种植能够有效提高资源利用率和粮食产量，增强农业系统的抗风险能力，增加水土保持能力，提高

土壤肥力，同时能够抑制病虫草害的发生，是生态农业与可持续农业发展的主要方向之一。

作物轮作、间作作为一项重要的农业增产增效的生物学技术，在世界农业发展中也占有重要地位和作用。大量研究和生产实践表明，实行作物轮作和间作不仅具有显著的农业生产效益，还具有良好的生态效益、经济效益、社会效益，广泛应用于世界各国的农业生产。轮作和间作已成为解决花生连作障碍最为经济有效的措施之一。

二、轮作缓解花生连作障碍的作用机制

花生轮作可以有效地改善农田生态环境，提高土壤地力，使土壤中的资源得到充分利用。花生轮作后产量的提升也在一定程度上侧面反映了资源利用的效率。研究表明，花生轮作条件下产量和品质都保持在一个高产优质的水平上，且可减轻作物病害，维持土壤肥力，改善土壤微生物群落，调节土壤酶活性等。下面对轮作缓解花生连作障碍的主要作用机制进行简单概述，主要包括以下 4 个方面。

（一）轮作缓解花生连作障碍——维持土壤肥力

作物不同，吸收营养物质的种类和数量就不同，收获后土壤中残留的有效养分有差别，连作会使土壤养分差异逐年增大。合理轮作可以调节不同茬作物对营养元素的需要，土壤中各类养分得到均衡吸收，不仅有利于作物的生长，而且避免了长期单一种植造成的土壤养分失衡，以及由此引发的植物缺素症和因某种营养成分富集或缺失造成的病害加重甚至土壤板结等。当土壤中某些营养元素缺乏时，往往会加重作物土传病害的发生，如一些病原菌需在低钾的条件下生长。有研究发现，与连作相比利用大葱、糯玉米、番茄等作物与黄瓜轮作可以不同程度地平衡土壤养分，改善土壤理化性状，降低土壤容重，增加土壤孔隙度。花生是我国重要的经济作物和油料作物，在轮作制度中具有明显优势。专家研究表明，花生轮作后土壤肥力提高，根际土壤自毒物质含量降低，土壤酶活性增高，花生根系生长较好，促进花生的生长发育，提高花生的产量和品质，在一定程度上减轻花生连作障碍。玉米-花生轮作措施研究表明，可在一定程度减轻花生常年连作危害，提高花生产量，减轻病害的发生。依据不同省份的生态条件

和种植模式，开展不同花生轮作体系的研究，从生态学角度评价不同花生轮作体系的生态效益，可为确定适合当地生态条件的绿色高效种植模式提供依据，有助于推进我国农业的绿色发展。

（二）轮作缓解花生连作障碍——改善土壤微生物群落结构

微生物与作物共存于土壤中，二者相互依存、相互作用。微生物的群落结构和组成、数量及区系变化会直接影响作物的生长，同时作物的生长及其分泌的化感物质也会促进或抑制微生物的生长。若长期连作，则会改变微生物种群分布，打破土壤原有微生物生态平衡，使得病原菌的种类和数量增加，有益菌的种类和数量减少。一些作物的根系分泌物能刺激某些有害微生物的生长和繁殖，这些微生物随着连作年限增加逐渐成为土壤中的主导菌群，严重抑制下茬同类作物的生长，是造成连作障碍的重要原因。研究表明，连续种植花生土壤中的微生物群落结构多样性明显降低，而轮作使土壤中的放线菌数量增加，细菌数量略有下降，但真菌数量变化不大，土壤微生物的丰富度指数和物种多样性指数明显增加。黄玉茜（2011）研究表明，随着连作年限的增加，花生土壤微生物区系出现显著变化，根际及非根际土壤中的细菌、放线菌数量明显减少，真菌数量明显增加，变化均达到显著水平。其中花生连作 6 年时，根际土壤中细菌数量比正茬减少 76%；真菌数量比正茬增加 133.2%；放线菌数量减少 42.9%。花生根际土壤中氨化细菌为优势细菌生理类群，反硝化细菌和好氧性自生固氮菌次之，硝化细菌最少。土壤中氨化细菌、硝化细菌和好氧性自生固氮菌的数量随着连作年限的增加而呈现减少趋势，反硝化细菌数量则随着连作年限的增加而呈现升高趋势，并且各处理间的差异达到显著水平。姚小东等（2019）研究表明，与轮作相比，连作栽培模式下花生根瘤数减少 57.5%，青枯病和根腐病病情指数分别增加至 2.93 倍和 2.43 倍。轮作和连作两种管理方式下，土壤细菌和真菌数量均呈明显空间分异规律，从"根表—根际—非根际"显著下降，尤其根表微生物数量是根际微域的 2.83～329 倍。进一步分析则发现，轮作和连作条件下花生根表微生物的数量差异最大，细菌为 1.06～3.28 倍、真菌为 1.14～14.44 倍，这种差异表明轮作可以明显改善花生根系的微生物群落结构。

(三) 轮作缓解花生连作障碍——调控土壤酶活性

酶是具有催化功能的一类高分子物质，生命体的一切生命过程都离不开酶的作用，土壤酶是表征土壤质量水平的一个重要生物指标。因土壤环境、人为干预措施等不同，研究者对轮作与土壤酶活性的关系结论不完全一致，但总体上表明，轮作增强了土壤酶活性。杨凤娟等（2009）研究了温室中在黄瓜休闲期轮作菜豆、芹菜、番茄等，指出轮作有利于提高土壤转化酶、脲酶、过氧化氢酶和多酚氧化酶活性。轮作使土壤水解酶活性提高，说明土壤中物质分解和转化能力增强，C、N、P等营养循环加快，有利于提高土壤营养元素的有效性，提高了营养的利用率。刘合明（2008）比较了无肥无作、夏玉米+休闲、夏玉米+小麦不同模式下过氧化氢酶活性和脲酶活性，发现3种模式下两种酶的活性依次提高，证明玉米和小麦轮作可以提高过氧化氢酶和脲酶的活性。尤垂淮（2015）通过对复种轮作的烤烟土壤酶活性测定，也证实了根际土壤中的物质循环相关土壤酶（蛋白酶、脲酶、蔗糖酶、纤维素酶、酸性磷酸酶）以及脱氢酶的活性均比连作模式高。黄玉茜（2011）研究表明：随着花生连作年限增加，土壤过氧化氢酶、脲酶和磷酸酶等6种酶活性显著降低，其中过氧化氢酶活性降低3.84%~29.60%，脲酶活性降低18.37%~20.42%，中性磷酸酶活性降低49.32%~93.07%，碱性磷酸酶活性降低35.42%~83.82%。马迪（2018）研究表明：采取玉米-花生轮作方式的土壤，各粒级酸性转化酶的酶活性对不同土层变化趋势不一致，在0~20cm土层中，呈现降低酸性转化酶酶活性的趋势，可能由于花生根系生长分泌酸性物质，与玉米轮作后，酸性转化酶酶活性表现降低趋势，而20~40cm土壤表现增加趋势，下层土壤玉米根系分布较花生多，对土壤结构和微生物生存环境改变较花生连作土壤大。

(四) 轮作缓解花生连作障碍——降低病害为害

据生态位理论，轮作非寄主作物，是对土壤微生物进行调控，让有益微生物占据生态位，从而抑制有害微生物的生长和繁殖，达到维护整个陆地生态系统稳定的目的。Vargas等（2008）研究表明，对于花生的主要土传病害枯萎病和根腐烂病，玉米为前茬作物，较大豆、花生，有抑制作用的放线菌、木霉菌的数量多，病害发生最少。李信申等（2020）研究表明，花生–大豆–玉米–花生轮作模式花生青枯病病株率比花生–芝麻–甘薯–花生轮作模式降低 11.63%。李科云（2016）研究表明，花生与玉米、水稻轮作3~4 年可以有效消灭土壤中的病菌，能有效防止病害的发生。

三、间作缓解花生连作障碍的作用机制

间作种植是一种能够充分协调利用光热、水肥、土壤等多种资源的耕作方式，其中豆科与禾本科间作是种植面积最大、优势最突出的间作种植模式。研究表明：间作对缓解花生连作障碍具有积极作用。首先花生间作可以起到轮作倒茬的作用，改善土壤理化性状、调节土壤酶活性、优化根际微生物群落结构；其次可以阻挡气传病害的传播，减轻花生气传病害的发生；最后花生玉米间作体系中玉米根系分泌抑菌物质，可以对临近垄的花生土传病害起到一定的防控作用。下面对花生间作缓解连作障碍的作用机制进行简单的介绍，主要包括以下 5 个方面。

（一）间作缓解花生连作障碍——改善土壤理化性状

土壤有机质是土壤养分的关键组成部分，土壤氮、磷、钾、钙等是作物维持生命活动必不可少的矿质营养元素，其含量高低是衡量土壤肥力的关键指标，是决定作物产量的重要因素，在农业生产中具有重要作用。间作种植模式具有充分利用各种资源的优势，特别是在土壤养分资源利用上尤为突出。作物的间作种植能够利用两种作物不同的残体分解物和根系分泌物的相互作用进而充分活化土壤养分，促进作物对土壤养分的吸收和利用，促进作物的生长发育，达到增产增收的最终目的。专家研究表明，间套作复合群体在氮、磷、钾，以及水分等方面的利用具有竞争性和互补性。尤其是在豆科与禾本科作物的间作体系中，豆科作物的氮素营养不仅可以保持自身的营养需求，还可通过两种作物根系间的相互作用为禾本科作物提供部分氮素营养。房增国等（2006）研究表明，在有效铁含量较低的石灰性土壤上间作种植花生、玉米，间作系统中根际土壤有效铁比单作花生、单作玉米分别提高14%和8%。左元梅等（2004）研究发现，玉米花生间作可以改善花生铁营养的吸收，提高根瘤内部的碳水化合物代谢，满足固氮细菌固氮的能量需求，从而促进根瘤固氮能力。章家恩等（2009）研究表

明，玉米花生间作相较于单作在增加整个间作体系土壤有机质、碱解氮和速效磷的含量上具有显著效果，这可能与玉米根系转移利用花生根系氮素，从而进一步促进和刺激花生根瘤的固氮作用有关。

（二）间作缓解花生连作障碍——提高土壤酶活性

姜玉超（2015）研究表明，玉米花生间作可显著提高土壤脲酶、碱性磷酸酶、蔗糖酶和过氧化氢酶活性。李齐松（2016）研究表明，玉米花生间作根际互作能导致土壤酶活总体水平的上升，其中脲酶和磷酸单酯酶活性和土壤速效氮、速效磷存在显著的相关性，并且与增产优势也存在显著相关。李庆凯等（2020）研究表明玉米花生间作对花生根际土壤酶的影响显著，间作增加了花生根际土壤酶（脲酶、酸性磷酸酶、蔗糖酶、过氧化氢酶和β–葡萄糖苷酶）活性。

（三）间作缓解花生连作障碍——优化根际微生物群落结构

土壤微生物是土壤有机物分解、土壤养分循环转化、腐殖质形成等过程的推动者，是衡量土壤肥力的另外一项重要指标。合理的间作种植模式可利用作物根际交互作用增强根系分泌功能，改善土壤微生物群落结构组成，形成比单作种植更具优势的土壤微生物区系。李怡文等（2020）研究表明，玉米辣椒间作有利于帮助彼此降低病害的发生。间作后土壤细菌群落的变化是其缓解病害发生的重要原因。刘均霞（2008）关于玉米、大豆间作研究表明，与相应单作相比，间作能够显著提高作物土壤微生物的多样性，提高土壤中细菌、真菌和放线菌的数量。章家恩等（2009）研究表明，玉米花生间作种植时，间作玉米根区的土壤微生物（细菌、放线菌和真菌）数量都显著提高；而间作花生根区的土壤细菌数量明显增加，放线菌和真菌数量无显著变化。作物间作不仅可以提高土壤微生物的数量，还可以改变土壤微生物的群落结构。姜玉超（2015）研究表明，玉米花生间作能够改变土壤微生物（细菌、放线菌、真菌、自生固氮菌和共生固氮菌）的多样性和数量，改善并优化土壤微生物群落结构组成。

（四）间作缓解花生连作障碍——影响根系分泌物特征

作物根系分泌物是其与土壤进行物质交换和信息传递的重要载体物质，是构成和调控作物根际微生态特征的关键因素，调节着植物–植物、植物–

微生物、微生物-微生物间复杂的互作过程。专家研究表明间作作物种间的相互作用会影响其根系分泌物特征。李齐松（2016）研究表明，玉米花生间作条件下，玉米和花生根系分泌物的互作，导致根系分泌物的组成有别于根系全隔开处理，进而改变了土壤酶活性和各种离子浓度。左元梅等（2004）研究发现，玉米花生间作系统中无论是玉米根系与花生根系直接接触还是两者根系用尼龙网隔开，玉米的根系分泌物都能进入花生根际，影响花生 Fe 营养的作用。李庆凯等（2020）研究表明，玉米花生间作模式下，玉米根系分泌物可在一定程度上缓解酚酸类物质（肉桂酸、邻苯二甲酸和对羟基苯甲酸）对土壤微生态环境的化感作用。

（五）间作缓解花生连作障碍——缓解作物自毒效应

间作可缓解作物的化感自毒效应，从而缓解作物连作障碍。陈玲等（2017）研究发现，小麦、蚕豆间作缓解了苯甲酸、对羟基苯甲酸对蚕豆幼苗生长的抑制效应，提高了蚕豆的防御酶活性，从生理上提高了蚕豆对枯萎病的抗病能力。刘苹等（2015）研究表明，玉米花生间作降低了花生根际土壤酚酸类物质的种类和含量。在花生开花下针期，间作比连作降低了咖啡酸；在开花下针期和结荚期，间作花生根际土壤阿魏酸、苯甲酸、对羟基苯甲酸、对香豆酸、咖啡酸、邻苯二甲酸、肉桂酸和香草酸含量显著降低；玉米带与花生带互换种植有利于降低中间行花生根际土壤中酚酸类物质的含量。李庆凯等（2020）研究表明，玉米根系分泌物可抑制两种花生病原菌的生长，添加玉米根系分泌物增加了酚酸类物质对花生根腐镰刀菌和炭疽菌的化感抑制作用，降低了酚酸类物质对花生炭疽菌的化感正效应。

第二节　花生与其他作物轮作、间作技术模式

一、花生轮作模式

轮作是指在某一农田土壤上随着时间或季节的推移有顺序地轮换着种植不同种类的作物或轮换着采用不同复种方式的种植模式。花生与其他作物轮作种植能对光热、水分和养分等自然环境因素进行充分利用，同时可

以解决大部分作物连作带来的危害。

（一）春花生-春玉米轮作模式（辽宁部分地区）

1. 春玉米生产关键技术

（1）品种选择

在春玉米种植过程中，品种选择十分关键，宜以抗逆性强、生育期适宜、活秆成熟为佳，从而使玉米在收获时，一方面茎秆挺立，利于收获，减少损失，另一方面秸秆水分含量高，易于腐熟。

（2）播种与田间管理

在4—5月中上旬进行玉米直播。若在播种期出现干旱气候，为保证玉米能够及时出苗，应种后浇透水。苗期为促进秧苗生长健壮，防止贪青徒长，应科学管理水分。小喇叭口期，为降低田间杂草的生长量，保持田间湿润，应进行秸秆覆盖。大喇叭口期至成熟，为促进玉米灌浆充足，提高产量，应保证田间水分充足。

（3）适当晚收获，提高产量

目前，农民为提早腾茬，常常进行早收，导致玉米在未达到最高产量时就已收获完毕，降低产量5%～10%。因此，为提高玉米产量，建议在农民习惯收获时间7～10d后进行收获，以玉米籽粒乳线消失、黑色层出现为准。

（4）玉米秸秆还田

玉米秸秆粉碎后的长度不超过10cm，以免影响耕翻作业。及时采用深铧犁进行耕翻，深度不得低于20cm。耕前撒施尿素120～150kg/hm²，调节土壤碳氮比，加快秸秆腐熟转化，之后进入闲茬越冬期。经过冬季和较长时间的闲茬，利于玉米秸秆完成腐熟，同时还利于冻死越冬虫卵，减轻翌年病虫对作物的为害。

2. 翌年春花生生产关键技术

（1）地块准备

为使花生及时播种，于翌年4月中下旬温度适宜时，结合施底肥对闲茬越冬田进行旋耕、晒垡。

（2）品种选择与种子处理

春花生生产可选用白沙1016、阜花17号、花育22号等产量高、果仁大、出米率高的品种。然后用花生扶垄机进行扶垄和适时覆膜播种。播前为防治蛴螬等地下害虫，用种子量0.2%的40%多菌灵可湿性粉剂进行拌种。

（3）田间管理

为促进春花生萌发，苗期土壤要求湿润，为使秧苗生长健壮，要根据苗情控水炼苗；花针期花生需水量最多，要及时观察田间土壤情况，保证土壤墒情较好；结荚期为防止花生徒长，造成倒伏和烂荚，要使土壤较干燥，通气良好，从而使花生产量、品质得到保证。

（4）收获与晾晒

根据花生的品种特点、当地的气候条件确定收获期，一般春花生适宜在播后135d收获。为防止花生贮藏期间发生霉变，收获后晾晒至其含水量在15%以下。

（二）春花生-冬小麦-夏玉米轮作模式（辽宁部分地区和黄淮海冬麦主产区）

1. 夏玉米生产关键技术

（1）品种选择

在夏玉米种植过程中，品种选择十分关键，宜以抗逆性强、生育期适宜、活秆成熟为佳，从而使玉米在收获时，一方面茎秆挺立，利于收获，减少损失，另一方面秸秆水分含量高，易于腐熟。

（2）播种与田间管理

小麦收获后，在6月中上旬抢墒进行玉米直播。若在播种期出现干旱气候，为保证玉米能够及时出苗，应种后浇透水。苗期为促进秧苗生长健壮，防止贪青徒长，应科学管理水分。小喇叭口期，为降低田间杂草的生长量，保持田间湿润，应进行秸秆覆盖。大喇叭口期至成熟，为促进玉米灌浆充足，提高产量，应保证田间水分充足。

（3）适当晚收，提高产量

目前，农民为提早腾茬，常常进行早收，导致玉米在未达到最高产量时就已收获完毕，降低产量5%~10%。因此，为提高玉米产量，建议在农民习惯收获时间7~10d后进行收获，以玉米籽粒乳线消失、黑色层出现为准。

（4）玉米秸秆还田

玉米秸秆粉碎后的长度不超过10cm，以免影响耕翻作业。及时采用深铧犁进行耕翻，深度不得低于 20cm。耕前撒施尿素 120～150kg/hm²，调节土壤碳氮比，加快秸秆腐熟转化，之后进入闲茬越冬期。经过冬季和较长时间的闲茬，利于玉米秸秆完成腐熟，同时还利于冻死越冬虫卵，减轻翌年病虫对作物的为害。

2. 翌年春花生生产关键技术

（1）地块准备

为使花生及时播种，于翌年 4 月中下旬温度适宜时，结合施底肥对闲茬越冬田进行旋耕、晒垡。

（2）品种选择与种子处理

春花生生产可选用花育 17 号、花育 19 号等产量高、果仁大、出米率高的品种。然后用花生扶垄机进行扶垄和适时覆膜播种。播前为防治蛴螬等地下害虫，用种子量 0.2% 的 40% 多菌灵可湿性粉剂进行拌种。

（3）田间管理

为促进春花生萌发，苗期土壤要求湿润，为使秧苗生长健壮，要根据苗情控水炼苗；花针期花生需水量最多，要及时观察田间土壤情况，保证土壤墒情较好；结荚期为防止花生徒长，造成倒伏和烂荚，要使土壤较干燥，通气良好，从而使花生产量、品质得到保证。

（4）收获与晾晒

根据花生的品种特点、当地的气候条件确定收获期，一般春花生适宜在播后 135d 收获。为防止花生贮藏期间发生霉变，收获后晾晒至其含水量在 15% 以下。

3. 冬小麦生产关键技术

（1）播种

前茬春花生收获早，这为小麦早播提供了条件，从而使冬小麦播种因播量减少成本降低，同时为冬前分蘖、培育壮苗奠定了基础。一般冬小麦半精量或精量播种在 10 月 1—10 日进行。

（2）施肥与管水

冬小麦生产将氮肥施用时间推后，即在土壤墒情较好时只施用拔节肥，不施用返青肥，为促进冬小麦成穗，提高粒重，保证产量的增加，将返青期或起身期浇水改为拔节期或拔节后浇水。

（3）适期收获

一般于蜡熟末期，茎秆变黄、籽粒较为坚硬且接近品种固有色泽时收获为宜。把麦秸整理到地头或畦垄上，以防影响玉米播种，并准备用于玉米行间覆盖。

二、花生间作模式

间作是指在同一块田地上的不同行，同时种植两种或两种以上作物的种植模式，该模式能够充分利用有限的土地资源。玉米花生间作模式，是一种典型的禾本科与豆科间作模式，可充分发挥须根系与直根系、高秆与矮秆、需氮多与需磷钾多的互补效应，具有高产高效、共生固氮、资源利用率高、改良土壤环境、增强群体抗逆性等优点。

作物间作套种原则如下。

间作套种的作物，植株应高矮搭配，有利于通风透光，使太阳光能得以充分利用（如玉米与大豆或绿豆的间作）。

间作套种的作物，根系应深浅不一。在土壤中各取所需，可以充分利用土壤中的养分和水分，达到降耗增产的目的（如小麦和豆科绿肥作物间作）。

间作套种的作物，圆叶形作物宜与尖叶形作物套作，这样可避免互相挡风遮光，提高光能利用率（如玉米与花生的间作）。

间作套种的作物，主副作物成熟时间要错开，这样晚收的作物在生长后期可充分地吸收养分和光能，促进高产。同时错开收获期，可避免劳力紧张，又有利于套作下茬作物（如玉米间作甘薯，主作物玉米先收，副作物甘薯后收）。

间作套种的作物，枝叶类型宜一横一纵。株形枝叶横向发展与纵向发展套作，可形成通风透光的复合群体，达到提高光合作用的目的（如玉米和甘薯的间作）。

间作套种的作物，结实部位以地上和地下相间为宜，茎秆上开花结实的作物与在地下结实的作物套作。这样避免形成授粉上的互相竞争，地上茎秆开花结实的作物可独享风、虫媒介体，有利于增产。

间作套种的作物，种植密度要一宽一窄。一种作物种宽行，另一种作物种窄行，这样便于通风，保证增产优势（如玉米套种蚕豆，蚕豆窄行，玉米宽行）。

（一）花生玉米间作模式

玉米花生间作栽培技术有以下优点：一是花生可通过生物固氮和土壤磷素活化作用，降低氮肥和磷肥的投入，单位面积减少肥料投入10%左右，还能改善土壤肥力；二是解决粮油争地矛盾，提高油脂自给率；三是改善北方石灰性土壤缺铁导致的花生叶片黄化现象。

夏玉米和夏花生全生育期间作丰产增效种植模式的特点是玉米花生同时播种、同时收获，两种作物整个生育期内间作共生。该模式特点是通过缩小玉米株距，保证间作玉米种植密度与单作差距不大的情况下，挤出较宽带幅来种植花生，这样在保证间作玉米产量较单作不减少或是小幅度减少的情况下，增收一季花生。

生产中应注意以下事项。

• 具体种植规格为玉米花生行比3∶4间作，即每种植3行玉米间作2垄花生，种植带宽为340cm，玉米行距60cm，株距14~15cm，花生起垄栽培，垄间距为80cm，垄面宽50~55cm，垄高10cm，每垄播种2行花生，小行距为30cm，穴距15cm，每穴播种2粒种子，该模式间作玉米种植密度3 900~4 200株/亩，花生5 200穴/亩。玉米花生从播种至收获均能实现机械化。

• 玉米、花生播种前需晒种。玉米播前晒种2~3d，花生播种前10d左右剥壳，剥壳前晒种2~3d，晒种可提高种子的发芽势和发芽率，进而提高群体的整齐度，为在不增加生产成本的前提下增加玉米和花生产量奠定基础。玉米种子一般购买时均已包衣不用拌种，花生种子播前需拌种，每100kg籽仁用600g/L吡虫啉悬浮种衣剂200~400ml+2.5%咯菌腈悬浮种衣剂600~800ml+0.4%~0.6%钼酸铵或钼酸钠溶液拌种，种皮晾干后播种。

• 抢时抢墒早播是保证玉米花生间作粮食产量的关键。与玉米间作，花生本身受玉米遮阴的影响较严重，花生若是晚播将进一步加大间作花生光热不足的矛盾，进而影响产量和品质。现在生产中多是先造墒后整地播种，这样玉米花生的播期将会推迟5~7d，若是遇到阴雨天播种日期推迟的时间更长，建议先播种后灌溉，采用微灌（最好是喷灌）方式，亩灌水量视土壤墒情来定，一般为 20~30m³。

●玉米花生间作种植的行向最好是南北方向。由于间作本身加大了时空竞争强度，与玉米间作的花生受到高秆作物遮阴的影响较大，且东西行向种植模式对比南北行向种植模式，花生受到玉米遮阴的影响大，会造成花生产量严重减少。

●施肥管理：玉米追肥杜绝氮肥（尿素）"一炮轰"，而且追肥时应配施钾肥和微肥，可提高玉米抗倒伏能力和增加籽粒产量。分两次追施，第一次是玉米进入大喇叭口期，株高 120cm 左右（播后 45d 左右），这段时期玉米生长最快、需肥量最大，且是决定果穗大小、穗粒数多少的关键时期，追肥量占总追肥量的 70%~80%；第二次是在抽雄吐丝期（播后 60d 左右），此时期追肥可预防玉米灌浆期脱肥导致果穗秃尖。花生一般施足基肥的情况下不需要再追肥，但对基础地力差的地块，视苗情可在苗期和花针期适当追施氮肥。花生幼苗生长发育不良时，应早追施苗肥，促进幼苗早发；开花后植株生长旺盛，有效花大批开放，果针陆续入土，对养分的需求量急剧增加，如前期基肥和苗肥不足，应根据田间花生长势及时追肥。

●田间水分管理：玉米不同生育时期对水分的要求不同，生育前期和后期需水较少，生育中期需水较多。拔节到抽穗开花期是玉米一生中需水最多的时期，耗水量占生育期总耗水量的近 50%，尤其抽雄前 10d 至抽雄后 20d 这 1 个月是玉米需水临界期，这一时期土壤相对含水量应保持在 75% 左右，这时干旱缺水会影响到雌雄性器官的分化，花粉发育不健全，吐丝散粉间隔时间加长，进而造成受精不良、缺粒秃尖等现象，最终导致严重减产。花生不同生育阶段需水总趋势和玉米基本相同，"两头少、中间多"即苗期和饱果成熟期需水较少，开花至结荚期需水多。需水临界期为盛花期，需水最多的时期是结荚期，故这两个时期要保证合理的水分供应，不能缺水干旱。当土壤相对含水量低于 40% 时，应及时灌水，灌水方式应采用顺垄沟灌，不能漫灌；当相对含水量高于 80% 时要排水防涝。

（二）花生谷子间作模式（辽宁西部地区）

近几年来，辽西干旱地区沙壤土种植玉米、大豆等作物产量低而不稳，而花生比较抗旱，生产效益比较高，农民种植花生的积极性较高，致使重茬现象普遍。谷子具有抗旱、耐瘠薄、适应性广、生育期短的特点，最好的前茬作物为豆科作物，由于豆科作物的固氮作用，土壤中氮素营养较多，杂草少。采用花生和谷子间作的栽培模式可以有效地减少连作重茬带来的不良作用，第2年在同一块地上继续采取同种方式间作，只是将原来栽培花生和谷子的位置进行互换。花生和谷子间作，地上部有高有矮，地下根系分布有深有浅，对光照和水分的需求也各不相同，利用这些差异进行搭配，优势互补，充分利用空间和地力，能提高土壤养分利用率和光能利用率，改善田间气候，减少病害发生概率。

1. 品种选择

花生的品种选择适于当地栽培的优质、高产、高抗的新品种作为主栽品种，如白沙 1016、唐油 4、花育 20、花育 23、阜花 11、铁花 1 号、鲁花 9 号等。谷子可选择适合当地、抗逆性强、高产优质的品种，如金谷 1 号、东北 GC120、晋谷 29 等。

2. 整地施肥

花生是地上开花地下结果作物，耕层要达 20～25cm，一般不要超过 30cm，通过深翻整地达到深、松、活的土壤条件。花生起垄宜早不宜晚，一般每 667m² 施农家肥 3 500kg、三元复合肥 30～40kg 或磷酸二铵 15～20kg、硫酸钾 8～10kg。谷田整地最好采用秋耕。秋季深耕可以熟化土壤，改善土壤结构，蓄水保墒，利于谷子扎根，使植株生长健壮，从而提高产量。春耕以土壤化冻后立即耕耙最好，深度一般在 20cm 左右。谷子以有机肥为主，每 667m² 施农家肥 4 000kg，三元复合肥 20kg。

3. 播种前种子处理

（1）花生种子处理

播前晒种：播种前将花生种平铺到干燥的泥土晒场上利用阳光晒种，连晒 2～3d 后剥皮，进行分级粒选，淘汰三级次种。药剂拌种：一般可用种子量 0.3% 的辛硫磷乳油拌种防虫，用种子量 0.4% 的 40% 多菌灵可湿性粉剂拌种杀菌，也可用种子量 0.4% 的磷酸二氢钾进行拌种，补充花生营养元素，提高出苗率。或者选用复合药剂拌种，可以防菌杀虫。

（2）谷子种子处理

播前晒种。谷子有后熟作用，播种前将选好的种子晒 2~3d，可充分后熟，既可杀死种皮上部分病菌，又可以增强种子吸水能力，提高种子的发芽率及发芽势。将种子放入 10% 的盐水中浮去秕粒、半秕粒，并洗掉种壳上的病毒孢子，再用清水洗净。药剂拌种：在播种前用种子量的 0.3% 辛硫磷乳剂闷种 12h，再用种子量 0.3% 的 35% 甲霜灵干粉剂拌种防治白发病和黑穗病，6~10h 后可播种。

4. 适时播种

花生播种一般以 5cm 地温稳定在 12℃ 以上即可，辽西地区一般在 4 月下旬至 5 月上旬。播种时做到墒情适宜，深浅合适，盖种严实。如果土壤水分不足，要造墒或点水播种。播种深度，露地栽培以 5cm 左右为宜。确定春谷播种期应适应当地气温和降水分布。辽西地区高秆 4 月下旬或 5 月上旬，矮秆 5 月下旬。一般每 667m² 播种量为 0.5kg，采取深开沟、浅覆土的办法，以利于出苗，覆土厚度一般为 3~4cm。高产田每 667m² 留苗 3.5 万株左右，坡旱地每 667m² 留苗 2.5 万株左右。两种作物间种采取 6∶6 间作方式，利于田间的通风透光。

5. 加强田间管理

（1）花生田间管理

当花生出苗后进行清棵，深度以两片子叶露出地面为宜，清棵后一般每 667m² 增产 10% 以上。在田间花生刚封垄或封垄前进行培土作业，缩短高节位果针入土距离，使果针及早入土。如果幼苗缺肥时，用 0.3% 磷酸二氢钾溶液、2% 过磷酸钙溶液喷施叶面，促进幼苗健壮生长。及时中耕除草，第 1 次在苗期进行，这次中耕宜浅，疏松表土，防止颈部埋土过多，影响侧枝发育；第 2 次中耕在根瘤形成期，可稍深些，一般 6cm 左右；第 3 次在花期，此次避免损伤果针，深度 5cm 左右。

（2）谷子田间管理

早间苗对培育壮苗有很大作用，最好的间苗时间是 3~5 叶期。全生育期一般中耕除草 2~3 次。第 1 次中耕结合间苗、定苗进行，浅锄、碎土、清除杂草。第 2 次中耕在拔节期进行，有灌溉条件的地方应结合追肥灌水进行，中耕要深，同时进行培土。第 3 次中耕在封垄前进行，中耕深度一般以 4~5cm 为宜，中耕除了松土除草外，还要进行垄上高培土，以促进根系发育，防止倒伏。

6. 病虫害防治

（1）花生病虫害防治

对花生苗期金龟子等害虫可用阿维菌素进行防治。对花生团棵期蚜虫可用吡虫啉或乐果喷雾防治。对7月中旬、8月上旬出现的棉铃虫可用阿维菌素防治。对花生地下害虫可轮作、深翻改土，增施有机肥，也可在播种前用辛硫磷颗粒处理土壤。花生主要病害为叶斑病，可用70%甲基硫菌灵1 500倍液，或百菌清600~800倍液，或50%多菌灵1 000倍液喷雾防治，每隔7~10d喷1次，连喷2~3次。

（2）谷子病虫害防治

主要病害防治：对谷子白发病可在播种时用种子量0.3%的35%甲霜灵干粉剂拌种防治；对粟瘟病可用6%春雷霉素可湿性粉剂1 000~1 500倍液喷雾防治。主要虫害防治：对粟灰螟、谷跳甲、粟穗螟可用50%敌敌畏乳油1 000倍液喷雾防治，只可用1次，或用20%氰戊菊酯乳油2 000倍液喷雾也可达到防治效果；对地下害虫每667m²用1kg 1.5%辛硫磷粉剂，拌细土25kg，随耕地翻入土中。

7. 适时收获

当花生植株变黄，叶片脱落，果壳硬化，网纹清晰时开始收获。收获后将荚果晾晒5~7d，待水分降到10%以下时即可入库收藏。谷子一般以蜡熟末期或完熟初期收获最好。谷子有后熟作用，收割后3~5d，充分后熟后进行脱粒晾晒，使含水量降到13%以下，安全入库。

第三节　花生与其他作物轮作、间作技术对作物的影响

一、花生玉米轮作对作物的影响

（一）材料与方法

1. 试验田概况

试验于2010年在锦州市黑山县绕阳河镇车屯村进行，土壤为耕型沙壤

质草甸土。试验点属于暖温带半湿润大陆性季风气候，年平均气温 7.9℃，无霜期平均 163d，年平均降水量 568.4mm。日照时数 2 785h。供试土壤有机质为 8.8g/kg，碱解氮为 88mg/kg，有效磷为 21.5mg/kg，有效钾为 112mg/kg，pH 值为 5.9。

2. 试验设计

采用田间小区试验，设 4 个处理，3 次重复，小区面积 30m²，即 0.6m 行距，6 行区，8.3m 行长，或按当地种植方式。采用随机排列。供试肥料选用尿素、普通过磷酸钙和硫酸钾肥，做底肥一次施入。

处理 1：玉米花生轮作；

处理 2：玉米单作；

处理 3：花生单作。

供试花生品种为当地主栽品种白沙 1016，种植密度 1.5 万穴/667m²。玉米和花生基肥施用相同，为复合肥（$N:P_2O_5:K_2O=15:15:15$），970kg/hm²，花生不追肥，玉米大喇叭口期追施尿素 163kg/hm²（N 含量为 46%）。

供试玉米品种为郑丹 958。玉米和花生采用 6:6 行比种植，次年轮作。小区长 30m，宽 7.8m，玉米和花生垄距均为 6cm。玉米种植密度为 64 000 株/hm²，株距 24cm。玉米 5 月 10 日左右采用康达 2BMZF-2 免耕播种机施肥和播种；花生 5 月 20 日左右采用康达 2BMZF-2 免耕播种机施基肥，人工播种，田间管理按常规产田进行，9 月下旬收获。

3. 测定项目与方法

光合特性测定采用 L3-6400 型便携式光合测定仪测定；蛋白质测定采用凯氏法；可溶性糖含量测定采用还原糖测定方法；粗脂肪测定采用索氏提取法；维生素 C 测定采用 2,6 二氯靛酚滴定法。

（二）结果与分析

1. 对花生农艺性状的影响

表 3-1 为花生生长中期调查的花生分枝数。从中可以看出，处理 1 的分枝数高于其他处理，说明轮作能够促进花生的生长发育。分枝数是决定产量的一个因子，这也为后期产量的不同提供了理论依据。

表 3-1　花生分枝数

处理	分枝数（个）			
	Ⅰ	Ⅱ	Ⅲ	平均值
1	7.9	7.2	8.2	7.8
3	8.6	7.4	6.7	7.6

2. 对光合作用的影响

从表 3-2 可以看出，处理 1 叶片净光合速率和蒸腾速率均明显提高。净光合速率较处理 3 提高 49.6%；蒸腾速率提高 24.6%。

表 3-2　不同处理对花生叶片净光合速率和蒸腾速率的影响

处理	净光合速率 $[\mu mol/(m^2 \cdot s)]$	蒸腾速率 $[mmol/(m^2 \cdot s)]$
1	17.5a	6.23a
3	11.7b	5.00b

3. 对花生产量的影响

从表 3-3 可以看出，不同处理对花生荚果产量有显著影响，处理 1 增加荚果产量幅度为 12.6%。可以得出在该试验地花生与玉米轮作是可行的，不会造成减产的风险。从表 3-4 可以看出，不同处理对玉米产量影响不显著。

表 3-3　不同处理花生荚果产量

处理	产量（kg/亩）			
	Ⅰ	Ⅱ	Ⅲ	平均值
1	228.1	197.9	235.0	220.3a
3	200.0	197.0	190.0	195.7a

表 3-4　不同处理玉米产量

处理	玉米平均产量（kg/亩）	差异显著性
1	771.94	a
2	766.51	a

4. 对花生品质的影响

从表 3-5 可以看出，处理 1 花生粗脂肪、蛋白质、可溶性糖和维生素 C 含量均高于处理 3。粗脂肪含量提高 5.62%。蛋白质含量提高 1.67%。可溶性糖和维生素 C 提高 1.52% 和 0.82mg/kg。总的来看，以处理 1 的花生品质较好，可溶糖含量较高，口感香甜。

表 3-5 不同处理对花生品质的影响

处理	粗脂肪（%）	蛋白质（%）	可溶性糖（%）	维生素 C（mg/kg）
1	48.88	22.52	11.38	5.81
3	43.26	20.85	9.86	4.99

5. 花生植株各部分养分含量变化

（1）不同生育时期氮含量的变化

从表 3-6 可以看出，在 8 月 18 日，不同处理叶中氮的含量有差异，但差异不显著，茎中不同处理差异明显，其中处理 3 氮含量明显低于处理 1。壳中氮浓度变化与茎的规律一致。粒中氮含量各处理间差异不显著。9 月 11 日，茎和粒中的氮浓度各处理无显著差异，壳中氮浓度处理间差异明显。经过 段时间的生长各处理的茎、壳中氮浓度均有所下降，粒中的氮含量则有上升趋势，说明后期氮素营养正向籽粒中转移。

表 3-6 不同生育时期各器官氮含量的变化 单位:%

处理	2010 年 8 月 18 日				2010 年 9 月 11 日		
	叶	茎	壳	粒	茎	壳	粒
1	2.903a	0.836a	1.863a	4.077a	0.747a	0.858a	4.389a
3	2.807a	0.737b	1.591b	3.955a	0.745a	0.612b	4.373a

（2）不同生育时期磷含量的变化

从表 3-7 可以看出，在 8 月 18 日，叶、茎和粒中磷的含量各处理没有显著变化。壳中磷浓度变化处理间差异明显，提高 33.6%。到 9 月 11 日，茎、壳和粒中的磷含量各处理基本一致，没有显著差异。同氮浓度变化趋势一样，经过一段时间茎和壳中磷浓度下降，粒中磷浓度增加，说明后期磷素营养正向籽粒中转移。

表 3-7　不同生育时期各器官磷含量的变化　　　　　单位:%

处理	2010 年 8 月 18 日				2010 年 9 月 11 日		
	叶	茎	壳	粒	茎	壳	粒
1	0.264a	0.306a	0.310a	0.491a	0.133a	0.087a	0.495a
3	0.238a	0.272a	0.232b	0.438a	0.114a	0.068a	0.516a

（3）不同生育时期钾含量的变化

从表 3-8 可以看出，在 8 月 18 日，钾的含量处理 1 显著高于处理 3。不论从叶、茎、壳和粒以处理 1 中钾含量最高，可能与轮作会促进钾的吸收有关。到 9 月 11 日，茎中不同处理钾含量差异显著，处理 1 最高。壳中变化趋势同茎。粒中钾含量各处理没有明显差异。经过一段时间的生长，茎和壳中钾浓度下降，粒中钾浓度增加，说明后期钾素营养正向籽粒中转移。

表 3-8　不同生育时期各器官钾含量的变化　　　　　单位:%

处理	2010 年 8 月 18 日				2010 年 9 月 11 日		
	叶	茎	壳	粒	茎	壳	粒
1	2.546a	1.685a	1.119a	0.729a	1.46a	0.857a	0.692a
3	0.997b	0.445b	0.805b	0.686b	0.084b	0.358b	0.676a

（三）小结

结果表明，轮作提高了花生叶片的净光合速率和蒸腾速率；轮作提高了花生的粗脂肪、蛋白质、可溶性糖和维生素 C 的含量。轮作提高了花生前期茎和壳中氮的含量，后期只影响壳中氮的含量；轮作提高了前期叶和壳中的磷含量，对后期影响不大；轮作提高了花生各器官中钾的含量。研究认为，在本试验条件下，玉米花生轮作可以应用于生产。

二、花生谷子间作对作物的影响

（一）材料与方法

1. 试验田概况

田间试验于 2018 年在辽宁阜新西六家子镇进行，土壤为耕型沙壤土。

试验点属于暖温带半湿润大陆性季风气候，年平均气温 7.9℃，无霜期平均163d，年平均降水量 568.4mm。日照时数 2 785h，该地区普遍实行谷子和花生间作。土壤 pH 值为 6.9，有机质为 6.9g/kg，TN 为 0.54g/kg，TP 为0.37g/kg，TK 为 23.5g/kg。与近 10 年来不连续单作田相比，田间花生的网斑率和根腐率较高，导致产量下降。

2. 试验设计

采用田间小区试验，设 4 个处理，3 次重复，小区面积 48m²。每个地块12 行，行距 50cm。谷子与花生的比例 2：2，两个地块之间有 1m 宽的缓冲区。采用随机排列。供试肥料选用尿素、普通过磷酸钙和硫酸钾肥，做底肥一次施入。

T1，N0 无氮处理；

T2，N40kg/hm²；

T3，N80kg/hm²；

T4，N120kg/hm²。

3. 病害评估

花生叶斑病自然发生（不接种病原菌），并对发病情况和发病指数进行调查。在每个地块的 5 个取样点评估。在每个取样点对 40 个花生植株进行评价。花生叶斑病的等级估计为：0 级＝花生叶无褐斑病（无感染）；1 级＝1%～25%叶片感染；2 级＝26%～50%叶片感染；3 级＝51%～75%叶片感染；4 级＝76%～100%叶片染病。

4. 统计分析

发病率和病情指数计算如下：发病率（%）＝（患病叶片或植物数量/检查的叶片或植物总数）×100%；病情指数＝∑（患病叶片或植物数量×疾病等级）/（疾病等级最高的叶片或植物总数）×100。

采用 SAS（V8.2）软件包中的方差分析进行方差分析。检验均值之间差异的统计学意义（$P<0.05$）。

（二）结果与分析

1. 收益率

试验结果表明，除高氮处理外，与花生间作后，谷子的产量显著提高，与单作相比，间作的谷子产量平均提高了 39.9%。花生产量在 4 种 N 水平下的花生产量没有显著差异（表3-9）。

表3-9 作物产量 单位：kg/667m²

处理	谷子单作	谷子间作	花生间作	花生单作
T1	151.3c	259.3b	206.7a	205.3a
T2	228.0ab	374.0a	206.0a	208.7a
T3	182.6bc	356.0a	222.0a	242.7a
T4	185.3bc	220.6bc	221.3a	232.0a

注：小写字母表示在1%水平的显著性。

2. 单作和间作作物病害的发病率和病情指数

间作模式显著降低了谷子叶瘟和花生叶斑的发病率和病情指数（图3-1，图3-2）。单作谷子叶瘟病发病率为 61.8%~82.1%。间作谷子叶瘟病发病率为 39.7%~48.3%（图3-1）。单作花生叶斑病发病率为 23.7%~39.3%，间作花生叶斑病发病率为 18.8%~29.1%，间作花生叶斑病指数下降 5.1%~10.2%（图3-2）。由图3-3可见间作花生叶斑发病情况明显低于单作花生叶斑病发病情况。

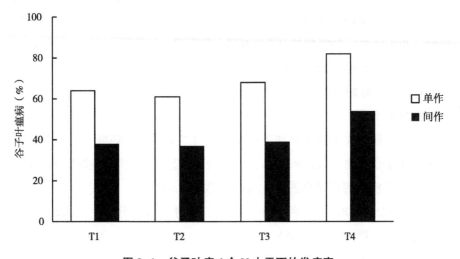

图3-1 谷子叶瘟4个N水平下的发病率

（三）小结

结果表明，谷子、花生间作与无病害发生年相比，具有较好的产量优

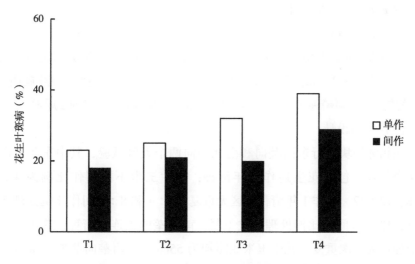

图3-2 四个 N 应用水平下花生叶斑的指数

势。花生叶斑病的发病指数可通过在谷类、豆类间作系统中得到缓解。抗病性通过改善间作品种的生长发育状况得到提高（图3-3）。

单作　　　　　　间作

图3-3 单作、间作模式

三、花生玉米间作对土壤和作物的影响

（一）花生玉米间作模式对产量的影响

1. 材料与方法

（1）试验时间和地点

试验于2010年4—12月在辽宁省黑山县绕阳河镇车屯村进行，土壤为

耕型沙壤土，土壤肥力中等。

（2）试验材料

选用的花生品种为白沙1016，玉米品种为先玉335。玉米施用55%含量的复合肥，氮磷钾为28-15-12，每亩用量40kg，一次性做基肥，不追肥。花生施用45%含量的复合肥，氮磷钾含量为15-20-10，每亩施基肥30kg，追7.5kg尿素。

（3）试验设计

在相邻地块进行东西垄向和南北垄向两个大区试验，其中东西垄向共计4个处理，包括花生连作1年清种；花生玉米不同间作比例为4∶4、8∶8、12∶12。连作1年清种大区无重复，4∶4和8∶8间作比例处理3次重复，12∶12间作比例处理2次重复。南北垄向无连作清种，花生玉米间作处理均为2次重复。花生玉米垄距均为55cm，东西垄向垄长100m以上，南北垄向垄长60m。玉米株距37.5cm，花生株距14.5cm。

（4）测产

收获时每处理取2段，每段9m，2段面积为10m²进行测产，10m²为一次重复。花生玉米取样测产相同。考虑边际效应花生玉米间作时按垄测产，从花生玉米交接处向两侧进行，东西垄向玉米由南向北测，花生由北向南测，4∶4处理测第1、第2垄，8∶8处理测第1、第2、第4垄，12∶12处理测第1、第2、第4、第6垄。通过各垄花生风干样的荚果产量与玉米籽粒产量计算总风干产量。

（5）用SPSS11.0软件进行统计分析。

2. 结果与分析

（1）间作对花生和玉米产量的影响

①花生玉米间作不同比例对花生产量的影响

同一模式下花生各垄产量结果见表3-10。可以看出，同一模式下花生各垄离玉米越远产量越高，东西向与南北向趋势一致。通过方差分析（表3-11）看出4∶4处理尽管第2垄产量高于第1垄，但差异不明显。8∶8和12∶12规律一样，第1垄比其他垄产量低，差异明显。其他各垄差异不明显。说明花生玉米间作，花生与玉米相邻垄受玉米影响最大。

表 3-10　不同比例花生各垄产量　　　　单位：kg/667m²

间作模式	东西向				南北向			
	第1垄	第2垄	第4垄	第6垄	第1垄	第2垄	第4垄	第6垄
12：12	134.0	179.9	183.4	194.4	131.7	180.8	190.9	—
8：8	117.0	164.7	177.4	—	119.0	169.6	171.5	—
4：4	105.0	120.0	—	—	108.1	117.5	—	—

表 3-11　东西向不同模式各垄产量分析　　　　单位：kg/667m²

间作模式	垄数	I	II	平均
12：12	第1垄	132.0	135.9	134.0
12：12	第2垄	170.8	189.0	179.9
12：12	第4垄	182.5	184.3	183.4
12：12	第6垄	194.1	194.7	194.4
8：8	第1垄	112.8	121.2	117.0
8：8	第2垄	160.2	169.1	164.7
8：8	第4垄	175.4	179.3	177.4
4：4	第1垄	101.9	108.2	105.0
4：4	第2垄	122.3	117.7	120.0

　　不同模式下相同垄花生产量结果见表 3-12。可以看出，花生玉米间作比例越大，花生产量越高。这与多数试验结论相一致，即花生与玉米间作花生劣势。对其进行方差分析，第1垄 4：4 与 8：8 产量差异不明显。8：8 与 12：12 之间差异均不明显，但 12：12 均高于 8：8 花生产量。4：4 与 12：12 差异明显。4：4 第2垄与其他比例第2垄均差异明显。由以上分析说明 4：4 花生产量受到影响极大。

表 3-12　不同间作模式各垄花生产量分析　　　　单位：kg/667m²

处理	I	II	平均
4：4第1垄	103.0	113.2	108.1
8：8第1垄	116.9	121.1	119.0

（续表）

处理	I	II	平均
12：12 第 1 垄	128.6	134.8	131.7
4：4 第 2 垄	126.6	108.4	117.5
8：8 第 2 垄	166.8	172.4	169.6
12：12 第 2 垄	178.4	183.2	180.8
8：8 第 4 垄	169.3	173.6	171.5
12：12 第 4 垄	185.4	196.4	190.9

（2）花生玉米间作对玉米产量的影响

由表3-13看出，除12：12处理，第1垄玉米产量比其他垄玉米产量差异显著以外，其他各处理各垄差异均不明显。

表3-13 南北向同一间作模式各垄玉米产量分析 单位：kg/667m²

间作模式	垄数	I	II
12：12	第 1 垄	844.6	840.6
12：12	第 2 垄	768.3	742.7
12：12	第 4 垄	758.4	763.8
12：12	第 6 垄	755.7	755.7
8：8	第 1 垄	868.5	812.3
8：8	第 2 垄	735.4	743.6
8：8	第 4 垄	712.6	773.5
4：4	第 1 垄	870.5	828.8
4：4	第 2 垄	758.0	731.9

表3-14数据显示，不同比例处理相同垄玉米产量差异不显著。东西向与南北向相类似，这与花生结果不同，说明玉米间作不如花生间作受影响明显。

表3-14 东西向不同间作模式同一垄玉米产量分析 单位：kg/667m²

处理	I	II	平均
4：4 第 1 垄	870.5	828.8	849.7
8：8 第 1 垄	868.5	812.3	840.4

（续表）

处理	I	II	平均
12∶12第1垄	844.6	840.6	842.6
4∶4第2垄	758.0	731.9	745.0
8∶8第2垄	735.4	743.6	739.5
12∶12第2垄	768.3	742.7	755.5
8∶8第4垄	712.6	773.5	743.0
12∶12第4垄	758.4	763.8	761.1

（3）不同处理相同面积产量与产值分析

为了比较不同处理比例的效果，我们采取如下计算方法，此种方法比较科学，得到结果有可信性。4∶4处理第1垄与第4垄使用第1垄数据，第2、第3垄使用第2垄数据。8∶8处理第1垄与第8垄使用第1垄数据，第2、第7垄使用第2垄数据，第3、第4垄使用第4垄数据，第5、第6垄使用第6垄数据。12∶12处理第1垄与第12垄使用第1垄数据，第2、第11垄使用第2垄数据，第3、第4、第9、第10垄使用第4垄数据，第5、第6、第7、第8垄使用第6垄数据。3个处理，最小公倍数是24，即玉米、花生每个处理各计算24垄产量才有可比性。然后除以24即为相同面积平均亩产。根据这一方法计算得到表3-15，由表3-15看出花生玉米间作东西向玉米产量4∶4>8∶8>12∶12，南北向4∶4>12∶12>8∶8，但差异不明显。南北向玉米产量略好于东西向。在生产实际中，东西向4∶4处理，玉米有倾斜现象，经过两年试验均发现此问题，均由北向南倾斜，影响了花生机械收获，是否与4∶4玉米产量较高及风向有关有待于探讨。南北垄向没出现这一问题，在间作中值得注意。

表3-15　相同面积玉米平均产量　　　　　单位：kg/667m^2

间作模式	东西向玉米平均产量	南北向玉米平均产量	差异显著性
12∶12	723.76	771.94	a
8∶8	758.21	766.51	a
4∶4	788.06	797.33	a

表3-16数据显示与前述分析相同，花生间作比例越大产量越高，4∶4

与其他 2 个处理产量差异明显，8∶8 与 12∶12 有差异但不明显。按照 2011 年农民出售价格计算，从表 3-17 看，间作产值受花生产量影响较大，4∶4 处理产值最低，与其他处理差异明显。8∶8 与 12∶12 处理相差很小，12∶12 处理产值最好。在本试验中，相同垄距，相同密度条件下，花生玉米间作并没有产值优势，但从缓解花生连作障碍和辽宁省花生产区多为风沙土，土壤易风蚀角度考虑，间作有防风和抗连作作用。

表 3-16　相同面积花生平均产量　　　　　　　　单位：kg/667m²

间作模式	东西花生平均产量	南北花生平均产量	差异显著性
12∶12	178.25	179.64	a
8∶8	159.10	157.88	a
4∶4	112.54	112.80	b

表 3-17　同为最小公倍数面积折合的平均 1 亩玉米加 1 亩花生产值　单位：元

间作模式	东西向	南北向	差异显著性
12∶12	2 458.01	2 580.32	a
8∶8	2 398.19	2 405.48	a
4∶4	2 154.49	2 173.05	b

4. 小结

花生玉米间作，花生与玉米相邻垄受玉米影响最大。4∶4 处理第 2 垄产量高于第 1 垄，但差异不明显。8∶8 和 12∶12 处理规律一样，第 1 垄比其他垄产量低，差异明显。其他各垄差异不明显。4∶4 处理花生产量受影响最大，对花生产量来说，间作比例越大花生产量越高。

间作对玉米产量影响不显著。除 12∶12 处理第 1 垄与其他垄有差异外，其他处理不同垄之间差异不明显。不同处理相同垄玉米产量差异不显著。东西向与南北向类似。花生玉米间作 4∶4 玉米产量最高，但与其他处理差异不明显。南北向玉米产量略好于东西向，是否与光照角度和风向有关还有待于研究。

花生玉米间作经济效益受花生影响较大，12∶12 和 8∶8 效益均显著高于 4∶4，间作比例越大效益越好。

花生连作产值下降明显，即使与4：4间作比较每亩产值仍相差150元。即玉米花生间作有利于缓解花生连作障碍，同时也起到防止花生土壤受风蚀影响的作用。

（二）花生玉米间作模式对养分吸收与变化的影响

1. 材料与方法

（1）试验田概况

2010年在锦州市黑山县饶阳河镇车屯村进行，土壤为耕型沙壤质草甸土。试验点属于暖温带半湿润大陆性季风气候，年平均气温7.9℃，无霜期平均163d，年平均降水量568.4mm。日照时数2 785h。供试土壤理化性质见表3-18。

表3-18 土壤基础肥力

有机质 （g/kg）	碱解氮 （mg/kg）	有效磷 （mg/kg）	有效钾 （mg/kg）	pH值
8.8	88	21.5	112	5.9

（2）试验设计

与（一）中试验设计相同。

（3）数据分析

作物吸氮（磷和钾）量=各器官质量与氮（磷和钾）含量之积的总和；氮（磷和钾）素利用效率=籽粒产量/作物吸氮（磷和钾）量。

采用SPSS软件进行数据分析，采用Duncan法进行显著性检验。

2. 结果与分析

（1）不同间作模式对花生和玉米不同垄养分吸收量的影响

表3-19可以看出，12：12和4：4模式下，玉米对氮、磷和钾的吸收不同垄之间没有显著的差异，8：8模式第4垄吸氮量明显提高，幅度为25.42%，但磷和钾的吸收量各垄之间没有明显差别。12：12模式下，花生第1垄的吸氮量和吸磷量明显降低，与第6垄比较降低25.64%和33.3%，吸钾量与第6垄相比也明显下降，幅度为20.25%。8：8模式对氮和磷的影响较大，与第4垄比较氮和磷分别降低25.32%和25%，对吸钾量没有明显的影响。4：4模式不同垄对花生吸氮量、吸磷量和吸钾量均没有明显的影

响，表明此种模式对第 1、第 2 垄的影响程度相同。

表 3-19　不同间作模式花生和玉米不同垄养分吸收量　单位：kg/667m²

间作模式	垄数	玉米			花生		
		氮	磷	钾	氮	磷	钾
12∶12	第 1 垄	19.8a	3.5a	8.5a	5.8b	0.6b	6.3b
12∶12	第 2 垄	17.6a	3.1a	7.9a	7.4a	0.8a	7.6ab
12∶12	第 4 垄	20.9a	3.5a	6.4a	7.2a	0.8a	6.9ab
12∶12	第 6 垄	20.4a	3.6a	8.0a	7.8a	0.9a	7.9a
8∶8	第 1 垄	17.7b	3.4a	6.3a	5.9b	0.6b	6.8a
8∶8	第 2 垄	17.6b	2.8a	6.3a	7.5a	0.8a	8.3a
8∶8	第 4 垄	22.2a	3.3a	7.7a	7.9a	0.8a	8.3a
4∶4	第 1 垄	19.2a	3.2a	7.6a	5.8a	0.6a	6.3a
4∶4	第 2 垄	22.7a	3.4a	8.9a	6.2a	0.5a	6.1a

（2）不同间作模式对花生和玉米养分利用效率的影响

表 3-20 可以看出，12∶12 模式下，第 1 垄玉米对氮和磷的利用效率明显高于其他各垄，与第 6 垄相比提高 23.47% 和 23.00%。4∶4 模式下，第 1 垄玉米对氮利用效率明显高于第 2 垄，提高幅度为 22.91%。3 种模式对钾的利用效率均没有明显影响。12∶12 和 8∶8 模式下，第 1 垄花生对氮的利用效率有下降的趋势，对磷和钾的利用效率影响不大。4∶4 模式不同垄对花生氮、磷和钾利用效率均没有明显的影响。由此可以表明花生和玉米间作，养分利用效率也处于劣势。

表 3-20　不同间作模式花生和玉米养分利用效率　　　　单位:%

间作模式	垄数	利用效率					
		玉米			花生		
		氮	磷	钾	氮	磷	钾
12∶12	第 1 垄	43.4a	247.1a	104.6a	22.9b	215.8a	21.5ab
12∶12	第 2 垄	38.1b	218.9ab	85.5a	24.5ab	216.0a	23.8a
12∶12	第 4 垄	33.2c	197.2b	109.4a	25.4a	230.5a	26.6a
12∶12	第 6 垄	35.2bc	200.9b	89.2a	24.8ab	226.8a	24.6a
8∶8	第 1 垄	44.7a	234.7a	124.7a	19.8b	207.0a	17.2a
8∶8	第 2 垄	37.4a	234.6a	102.2a	21.8ab	210.7a	20.1a

（续表）

间作模式	垄数	利用效率					
		玉米			花生		
		氮	磷	钾	氮	磷	钾
8∶8	第4垄	35.9a	241.2a	105.1a	22.6a	211.8a	21.5a
4∶4	第1垄	43.0a	259.1a	109.8a	18.0a	174.6a	16.7b
4∶4	第2垄	33.1b	222.7a	84.4a	19.5a	219.2a	19.7a

3. 小结

（1）不同模式对玉米吸收氮、磷和钾量影响不大，12∶12和8∶8模式下花生对氮、磷的吸收有一定降低，对钾影响不大，4∶4模式吸收氮、磷和钾量均没有明显的影响。

（2）12∶12模式下，玉米第1垄对氮和磷的利用效率明显高于其他各垄，与第6垄相比提高23.47%和23.00%。4∶4模式下，第1垄玉米对氮利用效率明显高于第2垄，提高幅度为22.91%。3种模式对钾的利用效率均没有明显影响。12∶12和8∶8模式下，第1垄花生对氮的利用效率有下降的趋势，对磷和钾的利用效率影响不大。4∶4模式下，不同垄对花生氮、磷和钾利用效率均没有明显的影响。

（三）玉米花生间作模式对土壤微生物量及养分含量的影响

1. 材料与方法

（1）试验设计

与（一）中试验设计相同。

（2）研究方法

收获季节进行田间取样。采用五点混合取样法，使用3cm×20cm土钻采集0~20cm耕层土壤，每个样品重复3次，剔除其中的石块、根系和小动物等杂物，迅速装入无菌聚乙烯袋中，带回实验室，置于4℃冰箱保存待测，每次测定前均于25℃条件下培养24h。

（3）测定项目与方法

1）土壤细菌、真菌、放线菌和根瘤菌数量

土壤微生物的测定采用平板纯培养计数法。其中，真菌采用马丁氏培养基，放线菌采用高氏一号培养基，细菌采用牛肉膏蛋白胨培养基，根瘤菌采用 AS9 培养基。

2）土壤养分状况

土壤养分含量测定参考《土壤农化分析》中的方法进行，其中土壤碱解氮含量的测定采用碱解扩散法，土壤速效磷（主要为酸溶性磷和吸附磷）含量的测定采用分光光度计钼酸铵比色法，土壤有机质含量的测定采用重铬酸钾氧化法（外加热法）。

2. 结果与分析

（1）对田间土壤细菌、真菌、放线菌以及根瘤菌的影响

细菌、放线菌和真菌是土壤中的三大类微生物，它们对土壤中有机物的分解，氮、磷等营养元素及其化合物的转化具有重要作用。根瘤菌对氮素的影响有重要作用。花生玉米不同间作比例对土壤细菌、放线菌、真菌和根瘤菌数量有一定的影响。在花生收获期，考虑花生玉米间作边际效应，我们取不同垄进行微生物与土壤速效养分值的分析测定。

1）土壤细菌数量

间作花生和玉米细菌数量结果相似（表3-21、表3-22），花生玉米相邻垄细菌数量明显高于相距远的垄，说明间作对二者影响明显，不相邻垄之间差异不明显。

2）土壤真菌数量

间作花生玉米真菌数量变化规律不一致（表3-21、表3-22），间作花生与玉米相邻垄真菌数量低于其他垄，花生致病菌多为真菌，花生玉米间作影响了花生土壤中真菌数量，特别是相邻垄真菌数量，有利于改善间作花生的土壤环境，减少花生病害发生。而玉米土壤中真菌变化无规律，但 12∶12 间作比例玉米真菌数量明显高于其他两个间作比例，可能是由于间作比例大，受花生影响小，有关原因还待于进一步研究分析。

3）土壤放线菌数量

玉米花生间作不同垄之间土壤的放线菌数量也有所变化（表3-21、表3-22），花生与玉米相邻垄放线菌数量多，其他垄差异不明显。间作玉米各垄根区土壤的放线菌数量在收获期差异不大，规律也不明显。

4）土壤根瘤菌数量

由表 3-21 和表 3-22 看出，根瘤菌变化规律比较明显，玉米花生相邻两条垄根瘤菌数量比其他垄明显增多，花生与玉米相邻垄土壤中养分受到玉米的竞争比较激烈，刺激了根系根瘤菌数量的增加，而相邻的玉米垄根瘤菌数量也很高，与相邻垄花生较高的根瘤菌数量刺激有关。

表 3-21　花生各处理不同垄的微生物数量

花生处理	细菌 (10^6 个/g 土)	真菌 (10^4 个/g 土)	放线菌 (10^5 个/g 土)	根瘤菌 (10^6 个/g 土)
4：4 第 1 垄	15	2	1	17
4：4 第 2 垄	3	6	2	3
8：8 第 1 垄	19	1	3	15
8：8 第 2 垄	8	2	1	15
8：8 第 4 垄	7	1	1	1
12：12 第 1 垄	12	1	8	49
12：12 第 2 垄	4	5	1	1
12：12 第 4 垄	4	3	1	1
12：12 第 6 垄	2	6	1	1

表 3-22　玉米各处理不同垄的微生物数量

玉米处理	细菌 (10^6 个/g 土)	真菌 (10^4 个/g 土)	放线菌 (10^5 个/g 土)	根瘤菌 (10^6 个/g 土)
4：4 第 1 垄	11	4	2	11
4：4 第 2 垄	8	3	3	0
8：8 第 1 垄	14	3	7	6
8：8 第 2 垄	3	2	6	0
8：8 第 4 垄	1	1	7	0
12：12 第 1 垄	16	14	3	12
12：12 第 2 垄	6	20	2	0
12：12 第 4 垄	3	13	1	0
12：12 第 6 垄	2	30	3	0

（2）土壤速效养分与有机质含量

由表 3-23、表 3-24 看出，收获期各处理各垄之间，土壤碱解氮、有效磷、速效钾、有机质4项土壤养分指标的含量变化不明显。

表3-23 花生各处理不同垄的养分含量

花生处理	碱解氮 （mg/kg 土）	速效磷 （mg/kg 土）	速效钾 （mg/kg 土）	有机质 （mg/kg 土）
4∶4第1垄	72	11.2	69.09	0.95
4∶4第2垄	61	11.8	76.46	1
8∶8第1垄	67	12.2	77.28	1.01
8∶8第2垄	62	10.4	64.17	0.85
8∶8第4垄	69	12.8	66.63	0.79
12∶12第1垄	61	13.8	63.35	0.78
12∶12第2垄	62	13.6	73.84	0.83
12∶12第4垄	57	10.1	67.28	0.96

表3-24 玉米各处理不同垄的养分含量

玉米处理	碱解氮 （mg/kg 土）	速效磷 （mg/kg 土）	速效钾 （mg/kg 土）	有机质 （mg/kg 土）
4∶4第1垄	67	11.2	66.17	1.06
4∶4第2垄	68	14.6	66.63	1.37
8∶8第1垄	64	13.9	77.15	1.16
8∶8第2垄	66	11.5	67.45	1.43
8∶8第4垄	65	10.8	76.46	1.16
12∶12第1垄	71	10.4	73.84	1.09
12∶12第2垄	75	15.0	77.78	1.34
12∶12第4垄	62	12.7	77.28	1.07

3. 小结

间作的不同作物会产生不同的特异根系分泌物，并形成与之相适应的根际微生物群落，间作作物根系相互交错庞大，产生了丰富多样的根际分泌物，因此比单作表现出更为明显的根际效应，进而促进土壤微生物群落结构多样化与整体多样性的形成。由于作物间作体系的根系发达、交错，使土壤结构得到改善，土壤养分能够互补和平衡，有利于维持土壤微生物的多样性。可见，地上部作物多样性种植可以促进地下部土壤生物多样性的形成。土壤微生物是土壤有机质和养分转化、循环的推动者，参与土壤有机质分解、腐殖质形成、土壤养分转化和循环等过程，是土壤生态系统稳定性和可持续性的保障。后续会对土壤微生物与土壤养分转化的机理展开进一步研究。

（四）花生玉米间作防风蚀高产栽培技术研究

花生收获后的农田无作物残体覆盖，而此时期风大风多，降水量少蒸发量大，土壤在风力的作用下水土流失严重，风蚀是影响花生田生态平衡的主要因子。为了控制风沙土种植花生风蚀沙化蔓延，实现用地养地、生产生态相结合的人与自然友好型的农业生态环境，提升土地生产性能，建立风沙土花生高效防风蚀种植模式至关重要。针对风沙土易旱易风蚀的特性，开展了玉米、花生种植模式研究，旨在使玉米增产、花生少减产或减产不明显，利用玉米残体覆盖地表防风蚀，翌年倒茬，减轻了花生连作障碍，起到一举多得的效应。

1. 材料与方法

2012 年试验共设以下 3 个处理。

玉米秸秆立体覆盖（A）：玉米花生间作种植模式，玉米秸秆不刈割，翌年下茬作物整地直接机械粉碎还田。

玉米秸秆平伏覆盖花生茬（B）：玉米花生间作种植模式，玉米秸秆刈割平放入（1/3 秸秆）花生茬，翌年下茬作物整地直接机械粉碎还田。

玉米秸秆高留茬覆盖（C）：玉米花生间作种植模式，玉米秸秆刈割运出地外，高留茬 50cm，翌年下茬作物整地直接机械粉碎还田。

玉米花生间作种植模式，间作带宽 8m:8m。玉米 16 行，行距 50cm，株距 33cm，亩密度 4 000 株，品种先玉 335。花生 16 行，穴距 13~14cm，双粒，亩密度 20 000 株，品种阜花 12 号。利用玉米残体覆盖防风蚀，每个处理 3 次重复，以单作花生裸茬为对照。用手持风速仪、插标杆法、烘干法记录玉米残体覆盖处理的风速、土壤风蚀度、土壤水分含量和检测土壤养分含量。

2. 结果与分析

（1）玉米花生间作对玉米农艺性状和经济性状的影响

表 3-25 是玉米花生间作时玉米农艺性状和经济性状的调查考种结果。

由表3-25可见，间作、单作玉米株高接近，茎粗、穗长、穗粗、百粒重均高于单作。间作改善了田间小气候状况，增强了玉米边际效应，提升了植株光合效率，比单作亩增产128.5kg，增产20.5%，增产效果显著。

表3-25　玉米、花生间作对玉米农艺性状和经济性状的影响

种植方式	株高 （cm）	茎粗 （cm）	穗长 （cm）	穗粗 （cm）	百粒重 （g）	平均产量 （kg/667m²）
间作玉米	176.0	2.2	18.4	5.0	35.0	755.8
单作玉米CK	175.0	2.1	18.2	4.8	34.5	627.3

（2）玉米花生间作对花生农艺性状和经济性状的影响

由表3-26可见，间作、单作花生农艺性状和经济性状相似，产量单作比间作亩增产5.7kg，增产2.3%，不显著，表明玉米花生间作为正互作关系。

表3-26　玉米花生间作对花生农艺性状和经济性状的影响

种植方式	主茎高 （cm）	侧枝长 （cm）	分枝数 （个）	单株果数 （个）	百果重 （g）	平均产量 （kg/667m²）
间作花生	33.5	37.6	8.0	14.5	172.5	245.5
单作花生CK	33.6	38.0	8.0	15.0	173.7	251.2

（3）玉米花生间作玉米残体覆盖模式削弱风速的效果

由表3-27可见，观测玉米残体覆盖模式距地表50~200cm高度风速结果表明，A//A1、B//B1、C//C1 3种玉米残体覆盖模式均有良好的防风效果。

A/A1复合覆盖模式：A距地表50cm高度比单作花生裸茬削弱风速93.8%，100cm高度削弱风速93.5%，150cm高度削弱风速92.0%，200cm高度削弱风速23.5%；A1距地表50cm高度削弱风速75.7%，100cm高度削弱风速61.3%，150cm高度削弱风速51.7%，200cm高度削弱风速32.1%，削弱风速的效果主要是A的效应。B//B1复合覆盖模式：B距地表50cm和100cm高度削弱风速分别为64.6%和36.0%，150cm和200cm高度与对照差异不大；B1距地表50cm和100cm高度削弱风速分别为48.6%和31.0%，

150cm 和 200cm 高度与对照差异不大。C//C1 复合覆盖模式：C 距地表 50cm 和 100cm 高度削弱风速分别为 78.5% 和 39.0%，150cm 和 200cm 高度与对照差异不大；C1 距地表 50cm 和 100cm 高度削弱风速分别为 41.0% 和 25%，150cm 和 200cm 高度与对照差异不大。结果表明，A//A1 复合覆盖模式削弱风速效果最佳，其次是 C//C1 复合覆盖模式，第三是 B//B1 复合覆盖模式。

表 3-27　玉米花生间作玉米残体覆盖模式削弱风速的效果　　单位：m/s

防风蚀处理	观测高度			
	50cm	100cm	150cm	200cm
玉米秸秆立体覆盖（A）	0.18	0.26	0.33	3.72
花生裸茬（A1）	0.70	1.55	2.00	3.30
玉米茬（B）	1.02	2.56	3.78	4.83
玉米秸秆平伏覆盖花生（B1）	1.48	2.76	4.20	4.88
玉米秸秆高留茬覆盖（C）	0.54	2.44	3.98	4.75
花生裸茬（C1）	1.70	3.00	4.09	4.80
单作花生裸茬 CK	2.88	4.00	4.14	4.86

（4）玉米花生间作玉米残体覆盖模式防风蚀的效果

A//A1 复合覆盖模式：A 表土不仅免受风蚀，反而挂沙 0.2cm，风蚀度比对照减少了 3.4cm；A1 表土风蚀度为 -0.6cm，比对照减少了 2.6cm。B//B1 复合覆盖模式：B 表土风蚀度比对照减少了 2.6cm；B1 挂沙 1.0cm，风蚀度比对照减少了 4.2cm。C//C1 复合覆盖模式：C 比对照风蚀度减少了 2.8cm，C1 风蚀度减少了 1.7cm。由表 3-28 可见，3 种复合覆盖模式防风蚀效果中，B//B1 最佳，A//A1 其次，C//C1 第三，而 A//A1 简单易行。

表 3-28　玉米花生间作玉米残体覆盖模式防风蚀效果

防风蚀处理	测定日期（月/日）	风蚀度（cm）
玉米秸秆立体覆盖（A）	10/20—4/25	0.2
花生裸茬（A1）	10/20—4/25	-0.6

（续表）

防风蚀处理	测定日期（月/日）	风蚀度（cm）
玉米茬（B）	10/20—4/25	-0.6
玉米秸秆平伏覆盖花生茬（B1）	10/20—4/25	1.0
玉米秸秆高留茬覆盖（C）	10/20—4/25	-0.4
花生裸茬（C1）	10/20—4/25	-1.5
单作花生 CK	10/20—4/25	-3.2

3. 小结

玉米花生间作种植模式使玉米高产，比单作亩增产 128.5kg，增产 20.5%，增产效果显著；花生单作比间作亩增产 5.7kg，增产 2.3%，效果不显著。利用玉米花生间作玉米残体覆盖防风、保土效果十分显著。综合结果表明，玉米秸秆平伏覆盖模式防风、保土效果最佳，其次是玉米秸秆立体覆盖花生茬模式，最后是玉米秸秆高留茬覆盖模式，花生单作风蚀危害严重。

第四节　花生与其他作物复种技术模式

一、马铃薯复种花生栽培模式

（一）塑料大棚马铃薯高产高效栽培技术

1. 优良品种的选择

塑料大棚马铃薯栽培应选择早熟或极早熟、抗病、高产和品质好的脱毒优良品种作种薯。如中薯 1 号、早大白、富金、费乌瑞它等。

2. 催芽与切块

第一种方法是在 2 月初，将种薯置于有散射光、潮湿、室温 15℃ 左右的环境中开始催芽，上下翻动使种薯均匀受到光线的照射，芽眼萌发见小白芽时就可以切种。切种最好在下种前 3～5d 进行，切芽时挑出病薯和杂薯，切到病薯时要把切刀消毒（用甲基硫菌灵稀释液浸刀），消毒后再继续切，切芽时尽量将顶芽多分成几块，每个芽块重 25～30g 为宜。催芽一般在播种前 25d 进行，可采用湿沙层积法，在温床或温室等地方，把切好的芽块与湿沙分层堆积（5cm湿沙一层芽块），一般可堆5~6层，堆温15℃左右，芽长2~3cm，出现幼根时就可播种。第二种方法是当种薯量较小时可把萌动后切开的芽块放在木箱或纸箱中，放在15℃的室内，后期使其见光，芽长2cm呈紫色时可播种。第三种方法是经过困种已见白芽的薯块不切，直接放在阳光充足的室内、温室或大棚内的地上，2~3层，经常翻动，芽长1~1.5cm，芽短、粗、紫色，基部有根点时切芽播种。

3. 架棚、整地与施肥

封冻前架好棚架，盖好棚膜，一个棚的面积在667m²左右。在2月初保墒整地，深耕细耙。在施肥上应以有机肥为主，化肥为辅。均匀施入腐熟农家肥75m³/hm²，尿素180~225kg/hm²，磷酸二铵375kg/hm²，硫酸钾525kg/hm²，硫酸锌30kg/hm²，化肥播种时施到施肥沟内。马铃薯适应性较强，要想获得较高的产量应使土质疏松，黏土地可加入适量的细沙。

4. 播种、覆膜

2月末开始栽培，棚内较干燥，一般需要提前灌水。马铃薯块茎形成所需适温是15℃左右，20℃左右就会延迟形成块茎，块茎膨大适温是20℃左右，超过25℃就会停止生长。所以在温度条件允许的条件下尽量早播，使马铃薯生长在温度较低且适于生长的条件下，在高温来临时已完成生长。播种方法：马铃薯覆膜栽培，大行距80~83cm，先趟播种沟，深13~15cm，灌水，在沟两侧种植，芽苗朝上，株距22~25cm，芽上覆土1~2cm，在沟中施入化肥，用杀虫剂20%毒死蜱·辛硫磷乳油1 125ml/hm²，兑水22.5L喷雾（或对细土22.5kg制成毒土均匀施入）防治地下害虫。施肥后继续覆土，最后用耙子耧平床面使床面平、细、净。喷除草剂，用90%乙草胺乳油2 250~3 000ml/hm²兑水50L喷于床面和床沟。喷完除草剂后及时盖膜，选90~100cm宽，0.005~0.008mm厚的薄膜，膜要拉紧压严，掌握"严、紧、平、宽"的原则。地膜覆盖以后，要覆盖第二层膜，宽度为2畦，高1~1.3m，出苗后要注意气温，中午温度高要及时放风，适时去掉第二层膜。

5. 田间管理

及时放风、引苗，催大芽播种出苗较早，薯芽顶膜后及时引苗封埯。

（1）水肥管理

出苗后给予适当的浇水，使土壤保持湿润。马铃薯现蕾开花期是需水关键期，这时遇天旱要及时浇水，过此期再浇水，将减产严重并增加畸形薯的比例。方法是现蕾时浇头遍水，一是增墒，二是降温，有利于薯块形成、膨大，隔 10d 浇第二遍，一般浇三遍即可。

（2）中耕

出齐苗后，要及时在两畦中间进行中耕，花蕾期时浅耕，避免伤根，有利于匍匐蔓和茎的形成和生长，最后中耕时要高培土。在 5 月 1 日前可揭去大棚膜。

（3）植株的调控

如棚内马铃薯植株生长旺盛，这时可喷施多效唑 50~100ml/L 或者矮壮素 1~6ml/L 进行抑制。在现蕾期与花后期用马铃薯专用调节剂膨大素与磷酸二氢钾 300~400 倍液混合喷雾。

（4）防治病虫害

病害：在开花前后用百菌清、杀毒矾可湿性粉剂等农药来防治早疫病、晚疫病。虫害：用乐果、敌百虫防治蚜虫等。

6. 收获

收获期为 5 月下旬。

（二）下茬复种花生高产栽培技术

1. 整地施肥

收获马铃薯后要及时进行耕、翻、耙、耢等作业，做成底宽 80cm、畦面宽 60cm、畦高 10cm 的大垄。可少量施入农家肥 $2m^3/667m^2$、尿素 5~6kg/667m²、过磷酸钙 20~25kg/667m²、硫酸钾 75~90kg/hm²、硼砂 15kg/hm²或复合肥 225~300kg/hm²。

2. 花生品种及播种前的处理

一般选择白沙 1016、鲁花 13、阜花 11 均可。播种前，用种子重量 0.3%~0.5%的多菌灵和菲酮等杀菌剂拌种，可以防止或减轻病害；用 0.3%辛硫磷乳剂等药剂拌种，可防治地下害虫。

3. 播种

覆膜栽培（选用宽 90cm 地膜）：采用先播种后覆盖方式，在 60cm 畦面开 2 条相距 35cm、深 5cm 的沟，畦面两侧留 13~15cm。沟内先施种肥，再以株距 15cm 等距离播 2 粒种，种、肥隔离，均匀覆土，要求地表整齐，土壤细碎。然后喷除草剂，用72%异丙甲草胺乳油1 500~2 250ml/hm²，兑水40~50kg/hm²喷洒。用机械覆膜（也可人工覆膜），要求膜与畦面贴实。最后，在播种带的膜面上压宽10~12cm、厚2cm的土带，使90%以上的花生直接破膜出苗，未破膜的及时人工引苗出膜。

裸地种植：先开沟，施种肥，等距离播2粒种，种、肥隔离，均匀覆土，盖土5~6cm，镇压。

4. 田间管理

（1）水肥的管理

以幼苗期追肥为主，一般不追肥。地力很差的地块，脱肥的可追施尿素75kg/hm²，荚果期喷施0.2%磷酸二氢钾叶面肥，使花生早熟高产。花生有较强的耐旱能力，花生需水临界期为盛花期，需水最多的时期为结荚期。盛花期是花生整个生长期对水分最需要的时期，一旦缺水，对花生产量造成的损失极为严重，而结荚期为花生一生需水最多时期，缺水干旱造成的产量损失也很大。所以这两个生育时期要保证水分供应，不能缺水。平时浇水避免出现烤苗和涝苗现象。

（2）病虫害防治

病害：主要是叶斑病，当病叶率达10%~15%时为第一次防治指标，每隔7~10d喷药一次，用下列任一种药防治，并可结合根外追肥同时进行。用70%代森锰锌可湿性粉剂1 050~1 200g/hm²，制成400~600倍液喷施；用50%甲基硫菌灵可湿性粉剂1 050~1 500g/hm²，制成1 000~1 500倍液喷施。

虫害：主要是蚜虫，当有蚜株率达20%~30%时采用药剂防治。用50%抗蚜威可湿性粉剂150~270g/hm²，制成2 000~2 500倍液喷雾。

5. 收获

9月末10月初，在下霜以前及时收获晾晒。在锦州葫芦岛和辽南地区凡是上茬马铃薯能够在6月中下旬收获的，都可以进行花生复种。

（三）利用"3414"试验马铃薯复种花生施肥参数

1. 材料与方法

试验地基本情况见表3-29。

表 3-29　试验地基本情况

地块名称	东辛庄西地村大块地
土类（亚类）	壤土
地形（平、坡、洼）	平
障碍因素 （盐碱、缺素、旱涝等）	无
肥力	较高
上茬作物	马铃薯
常年产量（kg/667m²）	200
有机质（%）	2.0
速效氮（mg/kg）	145.6
有效态磷（mg/kg）	45.5
有效态钾（mg/kg）	100.5
pH 值	6.7

供试肥料：氮肥为尿素（46%），磷肥为过磷酸钙（16%），钾肥为硫酸钾（50%）。

供试作物：花生品种小白沙。

播种时间：2006 年 6 月 15 日。

试验方案：试验采用二次回归"3414"设计（"3414"是指氮、磷、钾 3 个因素、4 个水平、14 个处理。4 个水平的含义：0 水平指不施肥，2 水平指当地最佳施肥量，1 水平 = 2 水平×0.5，3 水平 = 2 水平×1.5（过量施肥水平）。14 个处理，无重复，每小区 30m²。肥料全部作为基肥一次性施入，施用时肥料与种子应隔离。试验设计方案见表 3-30。

田间状况：株行距 20cm×57cm，每穴双株。正常田间管理。

数据处理：使用 Excel 2000 和 SPSS11.0 统计软件进行数据分析。

表 3-30　试验设计方案

处理号	处理	施肥量（kg/667m²）					
		水平	N	水平	P_2O_5	水平	K_2O
1	N0P0K0	0	0	0	0	0	0
2	N0P2K2	0	0	2	3	2	3
3	N1P2K2	1	1.25	2	3	2	3

（续表）

处理号	处理	施肥量（kg/667m²）					
		水平	N	水平	P_2O_5	水平	K_2O
4	N2P0K2	2	2.5	0	0	2	3
5	N2P1K2	2	2.5	1	1.5	2	3
6	N2P2K2	2	2.5	2	3	2	3
7	N2P3K2	2	2.5	3	4.5	2	3
8	N2P2K0	2	2.5	2	3	0	0
9	N2P2K1	2	2.5	2	3	1	1.5
10	N2P2K3	2	2.5	2	3	3	4.5
11	N3P2K2	3	3.75	2	3	2	3
12	N1P1K2	1	1.25	1	1.5	2	3
13	N1P2K1	1	1.25	2	3	1	1.5
14	N2P1K1	2	2.5	1	1.5	1	1.5

2. 结果与分析

（1）各处理产量

收获期取 15m² 进行测产，计算亩产，产量结果见表 3-31。从表 3-31 看出，施肥处理的生育性状及产量好于无肥处理。氮、磷、钾缺素区即处理 2、处理 4、处理 8 的相对产量分别为 79%、84.2%、92.2%。可见，该地区的氮养分相对缺乏。钾素利用率较高。

表 3-31　各处理产量结果　　单位：kg/667m²

项目	处理													
	1	2	3	4	5	6	7	8	9	10	11	12	13	14
产量	197.1	199.5	242.4	212.5	219.9	252.3	245.1	232.6	228.6	240	238.5	245.9	222.5	219.5

（2）肥料效应函数的配置及施肥参数的计算

利用 SPSS11.0 统计软件和 Excel 2000 进行数据分析。分别获得三元二次肥料效应函数和一元二次效应函数，从中进行比较选择，推荐最佳施肥量。

1）三元二次肥料效应函数的配置

推荐施肥过程中，肥料价格和产品价格是非常重要的因素，尽管试验是 2007 年进行的，但考虑要对翌年施肥进行推荐指导，因此肥料价格和产品价格都是采用当时价格，采用的肥料价格：N 为 4.35 元/kg，P_2O_5 为 5.47 元/kg，K_2O 为 6.3 元/kg，花生为 6 元/kg。

三元二次效应函数为：

$Y = 197.63 - 5.43P + 28.13K + 13.68NP - 3.31NK - 3.89PK - 6N^2 - 1.89P^2 - 1.16K^2$

最高产量施肥量及其产量：

N=2.31（kg/667m²），P_2O_5=2.96（kg/667m²），K_2O=3.85（kg/667m²）

Y=243.77（kg/667m²）

最佳经济施肥量及其产量：

N=2.27（kg/667m²），P_2O_5=2.90（kg/667m²），K_2O=3.54（kg/667m²）

Y=243.57（kg/667m²）

2）一元二次效应函数的配置

通过处理 2、3、6、11 配置氮一元二次肥料效应函数：

$Y=199.97+44.17N-9.07N^2$　$R^2=0.9973$

最高产量施肥量及其产量：N=2.43（kg/667m²），Y=253.73（kg/667m²）

最佳经济施肥量及其产量：N=2.36（kg/667m²），Y=253.68（kg/667m²）

通过处理 4、5、6、7 可配置磷一元二次肥料效应函数：

$Y=209.27+15.98P-16.22P^2$　$R^2=0.8119$

最高产量施肥量及其产量：P_2O_5=4.93（kg/667m²），Y=248.62（kg/667m²）

最佳经济施肥量及其产量：P_2O_5=4.59（kg/667m²），Y=248.44（kg/667m²）

通过处理 8、9、6、10 配置钾一元二次肥料效应函数：

$Y=229.42+7.21K-0.92K^2$　$R^2=0.3766$

最高产量施肥量及其产量：K_2O=3.91（kg/667m²），Y=243.51（kg/667m²）

最佳经济施肥量及其产量：K_2O=3.39（kg/667m²），Y=243.26（kg/667m²）

3. 小结

对花生施肥配方及产量数据进行三元二次及一元二次回归分析，得到拟合精度较高的模型方程，分别计算出该地区花生的最高产量施肥量及最佳经济施肥量。

（1）利用三元二次方程推荐的施肥量

1）最高产量施肥量及产量

N＝2.31（kg/667m²），P₂O₅＝2.96（kg/667m²），K₂O＝3.85（kg/667m²）

Y＝243.77（kg/667m²）

2）最佳经济施肥量及其产量

N＝2.27（kg/667m²），P₂O₅＝2.90（kg/667m²），K₂O＝3.54（kg/667m²）

Y＝243.57（kg/667m²）

（2）利用一元二次方程推荐的施肥量

1）最高产量施肥量及其产量

①N＝2.43（kg/667m²），P₂O₅＝3（kg/667m²），K₂O＝3（kg/667m²），

Y＝163.43（kg/667m²）

②N＝2.5（kg/667m²），P₂O₅＝4.93（kg/667m²），K₂O＝3（kg/667m²），

Y＝142.94（kg/667m²）

③N＝2.5（kg/667m²），P₂O₅＝3（kg/667m²），K₂O＝3.91（kg/667m²），

Y＝152.67（kg/667m²）

2）经济施肥量及其产量

①N＝2.36（kg/667m²），P₂O₅＝3（kg/667m²），K₂O＝3（kg/667m²），

Y＝163.33（kg/667m²）

②N＝2.5（kg/667m²），P₂O₅＝4.59（kg/667m²），K₂O＝3（kg/667m²），

Y＝142.88（kg/667m²）

③N＝2.5（kg/667m²），P₂O₅＝3（kg/667m²），K₂O＝3.39（kg/667m²），

Y＝152.53（kg/667m²）

利用一元二次方程推荐的经济施肥量为 N＝2.36（kg/667m²），P₂O₅＝3（kg/667m²），K₂O＝3（kg/667m²），但产量结果不如三元二次方程推荐的施肥量，从成本和效益考虑，我们认为三元二次方程推荐的施肥量更为合理，利用两个方程推荐的施肥量其产量差异显著，究其原因是三元二次方程氮磷钾之间起到正交互作用，三者配合施用，效果更好。

东辛庄西地村，前茬马铃薯施肥量基本一样，并且地力相近，本试验基本可以代表当地情况，能够指导复种花生的施肥，建议施肥量：每亩纯 N

2.27kg，纯 P_2O_5 2.90kg，纯 K_2O 3.54kg，在气候条件正常情况下花生每亩产量可达到 243.57kg。

二、豌豆复种花生栽培模式

（一）豌豆栽培技术

1. 选用优种

可选用优质早熟型豌豆品种（中豌 6 号）。该品种株高 45~50cm，植株直立矮生、硬荚，单株荚果 7~10 个，荚长 7~9cm、宽 1.2cm 左右，每荚 6~8 粒；抗白粉病，适应性强，从出苗至成熟 66d 左右，抗寒、耐旱。

2. 整地施肥

豌豆是耐寒作物，一般播种期较早，所以整地应在秋季进行。重点包括秋翻、施肥和冬灌（秋翻防草、防病虫害效果好）。结合翻地，每亩施农家肥 2 000~3 000kg。播前每亩施三元复合肥 30~50kg（注意化肥与种子必须隔离）。豌豆不耐重茬，不宜与同属作物换茬。应选择沟系配套、排灌方便、肥力中等的地块种植。

3. 播种

早春土壤化冻后，4cm 的地温在 2~5℃时即可播种。播种过早易发生冻害，播种过晚植株生长量不足，产量下降。此时播种的豌豆出苗壮、节间短、结荚多、籽粒饱满，并且早熟（6 月下旬可收获）。大面积栽培的可采用机播，小面积栽培的可人工播种。机播播量一般可控制在 15~17.5kg，人工播种的 12.5~15kg。播种量不宜过大，以免中后期田间通风透光条件差，结荚率低，籽粒饱满度差。覆土不宜过厚，以 3~5cm 为宜。开花期和坐荚期土壤墒情不足时必须浇两次水，否则会影响产量。

4. 田间管理

豌豆出苗后，浅松土 1 次，以利提高地温，促进发根。豆科植物有根瘤菌，可以固氮，需氮肥较少，但对磷钾肥敏感，缺少磷钾肥易形成瘦弱苗，植株抗寒能力下降，冻害严重。视苗情追肥，施尿素 75.0~112.5kg/hm²；在开花结荚期视土壤墒情浇水 2~3 次；初花期根据植株长势施尿素 60~75kg/hm²促花；鼓粒期喷施叶面肥，促进籽粒饱满。

5. 病虫草害防治

5月中旬注意防治潜叶蝇和蚜虫，可选用40%乐果乳剂1 500倍液或50%敌敌畏乳油800倍液，每隔7d喷1次，喷2~3次。豌豆主要病害是白粉病和褐斑病。应本着预防为主的原则，于花前使用50%硫菌灵可湿性粉剂1 000倍液进行叶面喷施2次，每隔5~7d喷1次。

豌豆生长中后期如发现白粉病，可以用20%三唑酮乳油1 000倍液喷雾防治1~2次。豌豆出苗后，根据杂草发生情况用5%精喹禾灵乳油750~900ml/hm²，兑水450kg喷雾防除禾本科杂草。

6. 收获

6月中下旬及时收获。

（二）下茬复种花生栽培技术

参照马铃薯复种花生栽培技术。

三、冬小麦复种花生栽培模式

（一）冬小麦栽培技术

1. 品种选择

冬小麦选择早熟品种（京冬11），该品种是北京市农林科学院杂交小麦选育的新品种。

2. 整地施肥

施肥深翻整地，亩施优质农肥5 000kg，把农肥翻入土壤10~15cm深耕层中，整平地块，浇足底水。

3. 播种

适期播种。辽宁适播地区在辽宁中部、辽西、辽南地区，一般在9月下旬播种，亩播量15kg，行距20cm，亩施氮、磷、钾复合肥25kg，可选用3%辛硫磷微悬浮剂1 500~2 000g/100kg拌种防地下害虫。

4. 田间管理

冻前镇压。在冰冻到来之前，对小麦进行镇压，可使土壤紧实，不宜透风跑墒。同时镇压可促进早分蘖，使麦苗茎秆粗壮，增强抗旱抗寒能力，对于耕作粗放的麦苗还可防止其冰冻死亡。

11月灌越冬水。灌水时间一般在日平均气温下降到4~5℃时进行，即夜冻昼消时为宜。适时冬灌，满足麦苗越冬期的需水量，促进麦苗分蘖早发生、多发生，培育壮苗越冬，冬灌水量以当天灌当天渗为宜，切记大水漫灌，以免在地表结冰冻坏麦苗。

锄田松土。冬灌后及时合墒轻锄。锄田可除破土壤板结，弥补裂缝，保温、保墒，促进小麦根系发育。

中耕压青。春季用三齿耙清理行间杂物及枯黄叶片，深中耕，麦苗三叶一心期压青苗1次。

灌水施肥。翌年4月浇返青水。返青水不宜早浇，当5cm地温回升到5℃左右时浇返青水，以免麦苗受冻。起身拔节期结合灌水亩施硫酸铵20kg，孕穗期若无自然降水，应灌水1次，此时是小麦需水临界期，不能缺水。灌浆期结合灌水亩施硫酸铵10kg。

5. 病虫害防治

及时防治病虫害。防白粉病、锈病各1次，防黏虫、蚜虫各1次。

6. 收获

6月中下旬收获，及时整地为下茬花生种植做好准备。

（二）下茬复种花生栽培技术

参照马铃薯复种花生栽培技术。

四、油菜复种花生栽培模式

（一）油菜栽培技术

1. 品种选择

宜选择生育期较短、抗性较强的品种，如四九、油青等。

2. 选地整地

种植油菜地应选择地势平坦、土壤肥沃、排灌良好、杂草较少的地块。一般整地在晚秋进行，先旋耕打碎前茬作物根茬及残留物，然后平整耙压，春季土壤开化后播种；也可以在春季旋耕、播种一起进行。

3. 播种

油菜是较抗寒作物，经过早春低温有利于其完成春化阶段，顺利进入生殖生长阶段。因此，在 3 月中下旬即可以播种，最迟不能超过 4 月 5 日。由于种植面积较大，均采用机器播种，即整畦播种施肥一次完成。每台机器每天播种 5.33~6.67hm²，施复合肥 337.5~375.0kg/hm²。遵循肥地宜稀、薄地宜密原则，畦宽 135~175cm，幅距 15~20cm，幅宽 10cm，每畦播 6 行。用种子 6.0~7.5kg/hm²，做到播匀播细。

4. 田间管理

由于春季干旱，因而水分管理是关键。播种后 10~15d，小苗出土，此时若干旱，应适当进行 1 次喷灌，以利保全苗。5 月 1 日左右，幼苗达 2~3 片叶时，应及时结合除草定苗。5 月 10 日左右，油菜始见花。此时应随灌水追施尿素，施 262.5~300.0kg/hm²，水要浇透。如天气特别干旱，还应适当浇水，保证果实饱满度。

5. 病虫害防治

油菜害虫主要有蚜虫、美洲斑潜蝇及小菜蛾等。蚜虫始防期应在虫口密时，用吡虫啉喷雾防治；美洲斑潜蝇及小菜蛾发现成虫即开始防治，用高效氯氰菊酯乳油喷雾防治。花期水分供应充足是油菜籽高产的关键，因而应保证田间土壤潮湿为度，一般需浇水 1~2 次。结实期病虫害防治仍是管理重点，特别是小菜蛾幼虫，如防治不及时，会啃食幼嫩果荚，造成瘪粒或畸形果，严重影响产量。

6. 收获

6 月下旬至 7 月初，油菜进入收获期。收获适期以菜荚变黄、籽粒变红褐为宜，及时抢收，力争 1~2d 内收割完毕。然后就地晾晒 2~3d，完成后熟，及时脱粒。再把籽粒拉到晾晒场摊平晾晒 1~2d 后，筛选、装袋入库。同时把秸秆拉出地外，马上翻地，抢时播种花生。

（二）下茬复种花生栽培技术

参照马铃薯复种花生栽培技术。

第五节　花生连作障碍农业治理技术实例
——以辽宁马铃薯复种花生栽培防控连作障碍模式为例

辽宁位于中国东北地区的南部，自然光热资源对于粮食作物而言，种植一季热量有余，种植两季又不足。早春地膜覆盖马铃薯栽培技术是一项周期短、效益高的实用种植技术，马铃薯收获后可复种多种作物，其中马铃薯复种花生可有效利用当地的光热资源，对于提高农民种植效益、稳定粮食产量具有重要的意义。在系统分析热量资源变化特征的基础上，在辽宁部分地区开展马铃薯复种花生一年两季栽培技术模式研究，分析不同马铃薯复种花生模式下的积温变化，并对生育期、生育性状、作物产量及经济效益进行比较，试图为辽宁地区的马铃薯花生复种生产提供科学参考，为调整农业产业结构、增加农业经济收入提供初步依据。

一、材料与方法

1. 试验地点

试验地点在绥中县小庄子乡，试验土壤基本理化性质：碱解氮 145mg/kg，速效磷 51.0mg/kg，速效钾 145mg/kg，pH 值为 6.7，有机质 1.55%，全氮 0.086%，全磷 0.142%，全钾 2.5%。试验地为南温带亚湿润区季风型大陆性气候，年均气温 9.1℃，无霜期 174d，≥10℃ 的活动积温 3 850℃，年平均降水量 645mm。供试土壤为沙壤土。

2. 试验材料与设计

共设定 3 种模式，具体种植方案见表 3-32。

模式 Ⅰ：三膜马铃薯复种花生模式

模式 Ⅱ：双膜马铃薯复种花生模式

模式 Ⅲ：单膜马铃薯复种花生模式

表 3-32　不同马铃薯花生复种模式种植方案

模式	生长季	品种	密度（10^4穴/hm²）	播种日期（年/月/日）	收获日期（年/月/日）
Ⅰ	三膜马铃薯	早大白	9	2014/3/5	2014/6/5
	复种花生	阜花 522	15	2014/6/5	2014/10/5
Ⅱ	双膜马铃薯	早大白	9	2014/3/15	2014/6/15
	复种花生	阜花 522	15	2014/6/15	2014/10/15
Ⅲ	单膜马铃薯	早大白	9	2014/3/25	2014/6/25
	复种花生	阜花 522	15	2014/6/25	2014/10/20

（1）马铃薯栽培

三膜：覆地膜为第一层膜，每三垄扣一个小拱棚，棚高 1.2m，罩上棚膜，与大棚膜一起构成三膜覆盖。双膜：小拱棚和地膜。单膜：地膜。

播种前 40d 开始催芽，薯芽长度 1cm 左右时可以播种，行距 80cm，垄上双行种植，株距 27cm。出苗后及时引苗，4 月初撤掉小拱棚，适时浇水。覆膜前用 90%乙草胺乳油喷于床面和床沟，施马铃薯专用肥 1 800kg/hm²，播种前撒施腐熟牛粪 45~60m³/hm²。小区随机区组设计，3 次重复，小区面积 100m²。

供试肥料：马铃薯专用复合肥（N 为 18%，P_2O_5 为 10%，K_2O 为 15%）。

（2）复种花生栽培

在上茬马铃薯基础上种植，株行距与种植方式同当地习惯，垄宽 80cm，株距 17.3cm，垄上双行种植，双粒播种，单层地膜。覆膜前用 90%乙草胺乳油喷于床面和床沟，根据当地习惯，施复合肥 375kg/hm² 田间管理，及时防治病虫害。

供试肥料：复合肥（N 为 15%，P_2O_5 为 15%，K_2O 为 15%）。

3. 测定项目及方法

（1）积温调查

记录整个马铃薯到花生收获生育进程中>10℃积温，气象数据来源于当地气象站。积温生产效率（%）= 单位面积籽粒产量/生育期间积温。

（2）植株样品

1）记录马铃薯生育期

调查苗期和开花期，测定植株高度，每个重复选 10 株，取平均值；同时用 SPAD-502 叶绿素仪测定马铃薯主茎倒三叶叶绿素 SPAD 值。

测产考种：收获期每小区随机选取 10m²，取单薯 50g 以上均匀一致的马铃薯 2kg 左右和地上样品 1kg 左右，取样考种分析。小区边行和两头不取样不测产，剩下部分测产，记录测产面积和地上部分和地下部分鲜重。

2）记录花生生育期

调查苗期和开花下针期，测定植株高度，每个重复选 10 株，取平均值；同时用 SPAD-502 叶绿素仪测定花生主茎倒三叶叶绿素 SPAD 值。

测产：各重复选取有代表性的 10m² 进行测产。

考种：收获后每个处理选择 10 株，测定单株结荚数、单株荚果重（产量）、百果重、百仁重和出仁率。

4. 统计分析

用 SPSS11.0 软件进行统计分析。不同处理间的差异采用单因素方差分析，多重比较采用新复极差法（Duncan 测验）进行。

二、结果与分析

1. 马铃薯复种花生不同模式对生育期积温及积温生产效率的影响

由表 3-33 可以看出，3 种模式积温利用效率不同，两季作物的积温资源分配比例：模式Ⅰ 0.2:0.8；模式Ⅱ 0.25:0.75；模式Ⅲ 0.32:0.68。3 个模式马铃薯所需>10℃积温分别为 784℃、987℃和 1 223.5℃。其中模式Ⅰ和模式Ⅱ通过三膜、双膜的方式提高马铃薯生育前期的地温，保证了马铃薯在生育前期所需的有效积温，复种花生所需>10℃积温分别为 3 066℃、2 863℃、2 626.5℃，马铃薯积温生产效率 3 种模式中模式Ⅰ最高，其次是模式Ⅲ，花生积温生产效率模式Ⅱ和模式Ⅲ相近。

表 3-33　马铃薯复种花生生育期积温及积温生产效率调查

模式	马铃薯					花生				
	开花期（月/日）	块茎形成期（月/日）	生育期>10℃积温（℃）	占全年比例（%）	积温生产效率（%）	开花下针期（月/日）	结荚成熟期（月/日）	生育期>10℃积温（℃）	占全年比例（%）	积温生产效率（%）
Ⅰ	4/5	5/5	784	20	54.42	7/5	9/7	3 066	80	0.798
Ⅱ	4/15	5/15	987	25	46.61	7/12	9/11	2 863	75	0.887
Ⅲ	4/25	5/20	1 223.5	32	46.64	7/18	9/15	2 626.5	68	0.910

2. 马铃薯复种花生不同模式对生育期植株株高及叶片叶绿素含量的影响

由表 3-34、表 3-35 可见，不同模式马铃薯的株高和叶绿素变化差异不显著，株高和叶绿素 SPAD 值均为模式Ⅰ最高，其次为模式Ⅱ。3 种模式复种花生生育性状存在一定差异，表现为模式Ⅰ最高，其次为模式Ⅱ，二者差异不显著，模式Ⅲ最低，和模式Ⅰ比较差异显著。复种作物有效积温的不同可能是导致复种花生生育性状存在差异的主要原因。下茬花生发病指数 3 个模式略有不同，主要是由于 3 个模式花生生育期不同，季节不同，叶部病害感染程度也不同。

表 3-34　马铃薯复种花生生育期植株生育性状调查

模式	马铃薯				花生			
	苗期		开花期		苗期		开花下针期	
	株高	SPAD	株高	SPAD	株高	SPAD	株高	SPAD
I	55.75a	33.67a	55.65a	73.95a	18.70a	47.10a	51.20a	46.16a
II	55.19a	32.87a	52.49a	70.73a	15.00b	44.62a	47.67ab	43.08a
III	53.48a	30.30a	52.31a	69.70a	13.00b	36.53b	37.83b	40.72b

注：小写字母表示 1%水平差异，下同。

表 3-35　复种花生生育期植株叶部病害发生情况调查

模式	苗期	开花期	成熟期
I	1 级	2 级	3 级
II	1 级	3 级	4 级
III	2 级	2 级	3 级

3. 马铃薯复种花生不同模式对产量及其构成的影响

从表 3-36 中可以观察到 3 个模式的马铃薯产量，商品薯分别达到 40 687.1kg/hm^2、43 577.4kg/hm^2 和 49 135.7kg/hm^2，商品薯产量模式 III 最高，和模式 I、模式 II 存在差异，模式 I、模式 II 差异不显著。不同模式复种花生产量及考种数据可以观察到，单株果重、出仁率，产量均为模式 I 最高，其次为模式 II，最后为模式 III，产量也相应随着生育期的延长而增加，模式 I 产量最高达到 3 841.5kg/hm^2，3 个处理间达到差异显著。

表 3-36　马铃薯复种花生产量及考种调查

模式	马铃薯			花生			总产量 (kg/hm^2)
	商品薯率 (%)	商品薯产量 (kg/hm^2)	产量 (kg/hm^2)	单株果重 (g)	出仁率 (%)	产量 (kg/hm^2)	
I	95.3a	40 687.1b	42 669.0c	32.0a	66.06a	3 841.5a	46 483.5c
II	94.72a	43 577.4b	46 002.0b	18.2b	52.93b	3 229.5b	49 231.5b
III	93.22a	49 135.7a	57 070.0a	15.0b	51.61b	2 887.5c	59 958.2a

4. 马铃薯复种花生不同模式对经济效益及投入产出比的影响

从表3-37、表3-38中可以观察到马铃薯复种花生种植模式中，模式Ⅰ成本39 450元/hm²，利润62 955.6元/hm²；模式Ⅱ成本27 450元/hm²，利润55 354元/hm²；模式Ⅲ成本20 025元/hm²，利润54 273元/hm²。3种模式利润主要受马铃薯时令价格以及马铃薯产量的影响。模式Ⅰ通过三层膜的方式，增加地温，马铃薯可以6月初上市，马铃薯市场单价相应比其他两个模式提高，是净收益高于其他两个模式的主要原因。

复种花生经济效益及投入产出比主要受复种花生产量的影响，产量受到积温及生育期的影响，3种模式的净收益模式Ⅰ最高，模式Ⅲ最低，从高到低分别达到16 674元/hm²、13 002元/hm²和10 950元/hm²，差异显著。表3-38中，模式Ⅰ产生的总经济效益最高，其次是模式Ⅱ，模式Ⅱ略高于模式Ⅲ。模式Ⅰ由于采用增温手段可以做到提前上市，马铃薯市场单价比其他两个模式高，是3种模式总收益存在差异的主要原因，3种模式的投入产出比为模式Ⅰ0.63：0.38；模式Ⅱ0.5：0.49；模式Ⅲ0.37：0.58，模式Ⅰ经济效益最高，但是一次性投入成本高，投入大，推广起来有一定难度。

三、小结

在本试验条件下，马铃薯花生复种处理改善了土壤微环境，促进了花生的生长发育，提高了花生的产量品质，缓解了花生连作障碍，本研究以不同马铃薯复种花生种植模式为研究对象，对不同模式下马铃薯、花生的生育进程、生物产量及经济效益进行了分析，结果表明3种模式协调了两季的积温资源分配比例，引起了相应植株生育性状和产量的变化，最有利于缓解花生连作障碍的种植模式Ⅰ经济效益最佳，但其投入产出比在3个模式中最大。

表 3-37 马铃薯复种花生成本调查

单位：元/hm²

模式	马铃薯											花生				
	竹竿大棚	棚膜	小竹坯	中拱棚膜	地膜	种薯	人工费	化肥	农家肥	农药	浇水用电	花生种	化肥	农药	叶面肥	地膜
I	4 500	7 500	1 725	1 200	1 200	6 600	6 000	5 100	4 500	375	750	3 000	1 500	375	300	1 200
II			1 725	1 200	1 200	6 600	6 000	5 100	4 500	375	750	3 000	1 500	375	300	1 200
III					1 200	6 600	6 000	5 100	4 500	375	750	3 000	1 500	375	300	1 200

表 3-38 马铃薯复种花生经济效益及投入产出比调查

模式	马铃薯				花生				总收益（元/hm²）
	产量（kg/hm²）	投入农资（元/hm²）	净收益（元/hm²）	投入产出比	产量（kg/hm²）	投入农资（元/hm²）	净收益（元/hm²）	投入产出比	
I	42 669c	39 450a	62 955.6a	0.63	3 841.5a	6 375a	16 674a	0.38	79 629.6a
II	46 002b	27 450b	55 353.6b	0.5	3 229.5b	6 375a	1 3002b	0.49	68 355.6b
III	53 070a	20 025c	54 273b	0.37	2 887.5c	6 375a	10 950c	0.58	65 223bc

注：模式 I 商品马铃薯价格 1.4 元/kg；模式 II 商品马铃薯价格 1.0 元/kg；模式 III 商品马铃薯价格 0.8 元/kg，花生价格 4 元/kg。

参考文献

陈玲，董坤，杨智仙，等，2017. 苯甲酸胁迫下间作对蚕豆自毒效应的
　　缓解机制 [J]. 中国生态农业学报，25（1）：95-103.

房增国，左元梅，赵秀芬，等，2006. 玉米-花生混作系统中的氮铁营
　　养效应 [J]. 生态环境（1）：134-139.

黄玉茜，2011. 花生连作障碍的效应及其作用机理研究 [D]. 沈阳：沈
　　阳农业大学.

姜莉，陈源泉，隋鹏，等，2010. 不同间作形式对玉米根际土壤酶活性
　　的影响 [J]. 中国农学通报，26（9）：326-330.

姜玉超，2015. 玉米花生间作对土壤肥力特性的影响 [D]. 洛阳：河南
　　科技大学.

李科云，2016. 花生常见病害症状及其防治技术 [J]. 现代农业科技
　　（7）：119-124.

李隆，李晓林，张福锁，等，2000. 小麦-大豆间作条件下作物养分吸
　　收利用对间作优势的贡献. 植物营养与肥料学报，6（2）：140-146.

李奇松，2016. 玉米与花生间作互惠的根际生物学过程与机理研究
　　[D]. 福州：福建农林大学.

李庆凯，刘苹，张佳蕾，等，2020. 花生单粒精播对根际土壤酚酸类物
　　质含量和酶活性的影响 [J]. 中国油料作物学报，42（6）：978-984.

李信申，邵华，陈建，等，2020，青枯雷尔氏菌在不同作物根际定殖与
　　轮作防病 [J]. 中国油料作物学报，42（4）：667-673.

李怡文，白水欣，字变仙，等，2020. 玉米和辣椒单间作调控根围土壤
　　细菌降低病害的效果和机制初探 [J]. 云南农业大学学报（自然科
　　学），35（5）：765-774.

刘均霞，2008. 玉米/大豆间作条件下作物根际养分高效利用机理研究
　　[D]. 贵阳：贵州大学.

刘苹，赵海军，唐朝辉，等，2015. 连作对不同抗性花生品种根系分泌
　　物和土壤中化感物质含量的影响 [J]. 中国油料作物学报，37（4）：

467-474.

马迪，2018. 连续施用改良剂对花生连轮作土壤理化性质和产量的影响 [D]. 沈阳：沈阳农业大学.

杨凤娟，吴焕涛，魏珉，等，2009. 轮作与休闲对日光温室黄瓜连作土壤微生物和酶活性的影响 [J]. 应用生态学报，20（12）：2983-2988.

杨凤娟，2006. NO_3^--胁迫导致黄瓜生育障害机理的研究 [D]. 泰安：山东农业大学.

姚小东，李孝刚，丁昌峰，等，2019. 连作和轮作模式下花生土壤微生物群落不同微域分布特征 [J]. 土壤学报，56（4）：975-985.

尤垂淮，2015. 不同生态类型区烤烟 K326 香型差异形成的生理生态机制研究 [D]. 福州：福建农林大学.

章家恩，高爱霞，徐华勤，等，2009. 玉米/花生间作对土壤微生物和土壤养分状况的影响 [J]. 应用生态学报，20（7）：1597-1602.

左元梅，刘永秀，张福锁，2004. 玉米/花生混作改善花生铁营养对花生根瘤碳氮代谢及固氮的影响 [J]. 生态学报（11）：2584-2590.

VARGAS GIL S, MERILES J M, HARO R, et al., 2008. Crop rotation and tillage systems as a proactive strategy in the control of peanut fungal soilborne diseases [J]. Bio Control, 53（4）：685-698.

第四章　花生连作障碍养分调控技术

花生种植区一般为土壤较瘠薄的中低产田，这是当前限制我国花生产量提高的主要因素。辽宁省花生60%以上种植在丘陵、旱薄地、风沙土上，这些土壤一般都存在土层浅薄、质地过粗、结构性差、自然肥力低、抵御自然灾害的能力弱等缺点，加上投入少，栽培技术落后，田间管理粗放，导致花生产量比全国平均单产水平低。

在我国受自然条件、种植习惯和比较价格因素影响，花生连作现象普遍，农户为保持产量往往过度增加化肥用量，导致土壤酸化严重、肥力下降、养分失衡。花生连作还能使土壤有效养分比例发生较大的变化，特别是氮/磷、钾/磷的比值明显下降，肥料利用率降低。合理施肥在一定程度上可减缓花生的连作障碍，平衡施肥和有机无机配合施肥技术能显著提高土壤养分含量，促进花生养分吸收，减轻病害发生，从而提高花生产量。

摸清花生对养分的吸收规律，尤其是对大量元素的吸收比例，对于调节土壤养分供给、合理施肥避免肥料养分流失具有重要意义。然而花生对养分吸收能力与土壤养分供给能力并非简单的线性关系，施肥量与吸收量之间符合肥料–效应曲线关系。合理选择肥料–效应曲线方程对于正确指导施肥，肥料利用率最大化具有重要作用。肥料品种的差异对于养分在土壤中的释放能力具有很大影响，缓/控释肥可以控制肥料释放周期，尤其对于土壤结构较差、地力瘠薄的耕层土壤来说，能够缓慢释放养分，减少氮肥向地下水流失。目前新发展起来的炭基肥料，采用新型生物炭载体把养分包裹起来，不但可以减轻土壤的酸化程度，还能改善耕层土壤物理性质，对于花生产量提升效果显著。

然而，花生除了需要氮磷钾等大量元素之外，对钙、硼、钼、锌等中微量元素肥料也有一定的需求，根据土壤养分含量的亏缺程度以及花生当季对各种养分的需求比例，研制花生配方专用肥，可以培育健壮植株、提高荚果产量、减少病虫害发生比例。

根据以上关键问题，本章着重对花生养分需求规律以及合理施肥技术进行深入研究，解决花生连作造成的土壤养分失调以及花生生长发育障碍等问题，提出基于花生养分需求规律的花生专用肥配方，指导农业生产。

第一节 花生养分吸收规律

氮、磷、钾是花生必需的三大元素，氮素主要参与蛋白质、叶绿素、磷脂等含氮物质的合成，促进枝多叶茂以及荚果饱满；磷素主要参与脂肪和蛋白质的合成，促进根和根瘤的生长发育；钾素参与有机体各种生理代谢，提高叶片光合作用强度，同时促进花生与根瘤共生。花生在不同生长发育阶段对养分需求不同，基于连作条件下的花生养分吸收规律研究较少，其对我国花生产业发展更具有重要意义。

花生是需氮量较高的作物，根瘤固氮对氮素的贡献不足以满足植物对氮素的需求，特别是在高产或固氮受到抑制的情况下，施用氮肥是获得高产的必要条件。然而，花生栽培过程中存在施肥不当问题，如偏施氮肥忽视磷、钾肥的配合施用，过量施用氮肥造成土壤酸化严重。花生对 N、P、K 养分的吸收、累积及转运分配规律对指导化肥减施增效、提高产量与品质至关重要。为此，本节重点开展连作条件下不同施肥模式花生养分吸收及运转分配特性，以期为花生生产合理施肥措施和高产优质栽培提供数据支撑。

（一）材料与方法

1. 试验设计

试验年限为 2012 年，供试花生品种为阜花 16。试验在辽宁省阜新市彰武县章古台进行，该区属温带季风大陆性气候，年均气温 7.2℃，年均降水量 510mm，属典型的半干旱地区。供试土壤为风沙土，养分瘠薄，漏水漏肥。耕层土壤理化性质为：pH 值 5.7，有机质 4.0g/kg，全氮 0.72g/kg，全磷 0.41g/kg，全钾 27.2g/kg，碱解氮 71mg/kg，有效磷 13.9mg/kg，有效钾

85mg/kg，试验地为多年连作地块。

试验施肥量为：N 150kg/hm²，P₂O₅ 105kg/hm²，K₂O 105kg/hm²，其中磷肥和钾肥一次性施入，氮肥 2/3 做基肥，1/3 做追肥，于花针期追施，小区面积 30m²，3 次重复，随机排列。5 月 11 日播种，9 月 17 日收获。穴距 13cm，行距 50cm，双粒播种，15 万穴/hm²。供试肥料为复合肥（N 15%，P₂O₅15%，K₂O 15%）、尿素（N 46%）、硫酸钾（K₂O 50%）。

2. 样品采集与指标测定

分别于花生苗期、花针期、结荚期、成熟期 4 个时期测量各器官氮磷钾养分含量，计算养分积累量及分配比例。每个小区采集 10 株，烘干后，按照根、茎、叶、荚果、籽粒不同部分测定生物量及养分含量。植株样品采用浓 H_2SO_4–H_2O_2消煮，制成样品待测液，备用。植株全氮、全磷、全钾和干物质量分别采用凯氏定氮法、钒钼黄比色法、火焰光度计法和常压恒温干燥法测定。

3. 相关指标计算

植株氮吸收量=花生地上部生物量×含氮量（%）＋花生地下部生物量×含氮量（%）

植株磷吸收量=花生地上部生物量×含磷量（%）＋花生地下部生物量×含磷量（%）

植株钾吸收量=花生地上部生物量×含钾量（%）＋花生地下部生物量×含钾量（%）

（二）结果与分析

1. 花生不同生育期干物质积累与分配

在花生各生育期，干物质累积对花生产量品质形成有直接影响。花生干物质的形成与积累主要来自地上部绿色叶片制造的光合产物，在不同的生长发育阶段，优势器官作为生长中心优先分配到更多的光合产物。花生不同生育期干物质的积累规律表明（图 4-1），苗期花生干物质量积累最少，以营养生长为主，主要是增加叶片及根系。干物质量占生育期总干物质量的 2.11%。花针期至结荚期是营养生长和生殖生长的旺盛期，枝叶增多，荚果发育。花针期干物质量占生育期总干物质量的 22.1%，增加了 20.0%。结荚期干物质量占生育期总干物质量的

57.7%，增加了35.5%。至成熟期干物质累计增加了42.3%。总体来说在苗期—花针期累积速度缓慢，自花针期后干物质积累速度迅速增加，花针期是花生生长中的一个关键时期，因此提高花生生育中后期干物质积累是花生高产的关键。

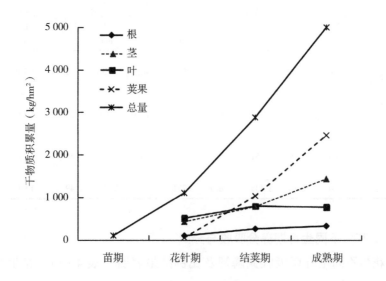

图4-1　花生干物质的积累与分配

　　花生在不同生育期不同器官干物质量及其占总干物质量的结果表明（表4-1），从播种至花针期干物质量为1 105kg/hm²，其中根、茎、叶和荚果干物质量分别占总干物质量的9.40%、38.9%、46.6%和5.1%；到结荚期干物质量为2 856kg/hm²，其中根、茎、叶和荚果干物质量分别占总干物质量的9.28%、27.5%、27.0%和36.3%；至成熟期干物质量为4 993kg/hm²，其中根、茎、叶和荚果干物质量分别占总干物质量的6.61%、28.7%、15.5%和49.2%。由此可见花生生长前期，光合产物主要用于地上部植株形态的构建，荚果形成至膨大期，干物质不断向地下部转移，产量显著增加，花生产量的形成过程就是光合产物不断向荚果转移的过程。

　　根系的生长发育主要在苗期—花针期这一阶段，结荚期—成熟期根系干物质积累量不大，叶片干物质的积累与分配与根系类似。茎和荚果的干物质积累在花针期后开始迅速增加，结荚期是荚果干物质积累的关键时期。

表 4-1　花生在不同生育期不同器官干物质量及分配比例

生育期	根		茎		叶		荚果		总量	
	干物质（kg/hm²）	占总重（%）	干物质（kg/hm²）	占总重（%）	干物质（kg/hm²）	占总重（%）	干物质（kg/hm²）	占总重（%）	干物质（kg/hm²）	占总重（%）
苗期—花针期	104	9.40	430	38.9	515	46.6	56	5.1	1 105	22.1
花针期—结荚期	161	9.19	354	20.2	256	14.6	980	56.0	1 751	35.1
结荚期—成熟期	65	3.04	651	30.5	0	0	1 421	66.5	2 137	42.8
合计	330	6.61	1 435	28.7	771	15.5	2 457	49.2	4 993	100

2. 花生不同生育期养分吸收与分配

花生不同生育期吸收氮磷钾及比例结果表明（表 4-2），花生产量为 3 092kg/hm²，养分吸收量的顺序为氮>钾>磷。

表 4-2　花生氮磷钾养分吸收量与比例

生育期	养分吸收量（kg/hm²）			占总量（%）		
	氮	磷	钾	氮	磷	钾
苗期	3.94	0.91	2.66	3.18	1.88	3.25
花针期	40.7	6.4	31.1	32.8	13.2	38.0
结荚期	90.6	21.3	57.8	73.1	44.1	70.7
成熟期	123.9	48.3	81.8	100	100	100

全生育期氮（N）的吸收量为 123.9kg/hm²，苗期氮量占全生育期氮吸收量的 3.18%，花针期占 32.8%，增加 29.7%，结荚期占 73.1%，增加 40.2%，成熟期氮量增加 26.9%。可以看出，氮素积累高峰出现在花针期—结荚期这一阶段，因此应该在花针期追施氮肥。磷素的吸收量为（P_2O_5）48.3kg/hm²，苗占 1.87%，花针期占 13.2%，增加 11.4%，结荚期占

44.1%，增加 30.8%，成熟期磷量增加 56.0%。磷素积累高峰出现在结荚期—成熟期这一阶段，因此磷肥的补充应在结荚期进行。钾素的吸收量为（K_2O）81.8kg/hm²，苗期占 3.25%，花针期占 38.0%，增加 34.8%，结荚期占 70.7%，增加 32.6%，成熟期磷量增加 29.3%。钾素积累高峰出现在苗期—结荚期这一阶段，因此钾肥的补充应在生育前期。形成 100kg 荚果产量需要氮磷钾量分别为 N 4.01kg，P_2O_5 1.56kg，K_2O 2.65kg，整个生育期氮磷钾的吸收比例为 1 : 0.39 : 0.66。

3. 花生不同器官养分吸收与分配

花生不同器官的氮素吸收、分配结果表明（表 4-3），花针期根、茎、叶、荚果氮素吸收量分别占花针期氮素总量的 7.18%、37.8%、49.3%、5.7%；结荚期根、茎、叶、荚果氮素吸收量分别占结荚期氮素总量的 5.87%、19.3%、28.2%、46.6%；成熟期根、茎、叶、荚果氮素吸收量分别占成熟期氮素总量的 3.67%、12.6%、15.6%、68.2%。随着生育期的推进，根、茎、叶的氮素吸收所占比例逐渐降低，荚果氮素吸收量占植株吸氮量的比例逐渐增加。

表 4-3 花生不同器官氮的吸收与分配

生育期	氮在不同器官的分配（kg/hm²）					不同器官氮素分配比例（%）			
	根	茎	叶	荚果	总量	根	茎	叶	荚果
苗期	0.28	1.49	2.16	—	3.94	7.18	37.8	54.9	—
花针期	2.92	15.4	20.1	2.32	40.7	7.18	37.8	49.3	5.7
结荚期	5.32	17.5	25.5	42.2	90.6	5.87	19.3	28.2	46.6
成熟期	4.55	15.6	19.3	84.5	124	3.67	12.6	15.6	68.2

花生不同器官的磷素吸收、分配结果表明（表 4-4），花针期根、茎、叶、荚果磷素吸收量分别占花针期磷素总量的 10.0%、34.1%、48.0%、7.82%；结荚期根、茎、叶、荚果磷素吸收量分别占结荚期磷素总量的 7.56%、22.7%、24.7%、45.0%；成熟期根、茎、叶、荚果磷素吸收量分别占成熟期磷素总量的 5.36%、18.1%、14.4%、62.2%。可见，从花针期开始，根茎叶中的磷素开始向荚果中转移，结荚期是一关键时期，荚果吸磷量显著增加。

表4-4　花生不同器官磷的吸收与分配

生育期	磷在不同器官的分配（kg/hm²）					不同器官磷素分配比例（%）			
	根	茎	叶	荚果	总量	根	茎	叶	荚果
苗期	0.09	0.31	0.51	—	0.91	10.0	34.1	55.9	—
花针期	0.64	2.18	3.07	0.50	6.39	10.0	34.1	48.0	7.82
结荚期	1.61	4.83	5.26	9.59	21.3	7.56	22.7	24.7	45.0
成熟期	2.59	8.74	6.96	30.0	48.3	5.36	18.1	14.4	62.2

花生不同器官的钾素吸收、分配结果表明（表4-5），花针期根、茎、叶、荚果钾素吸收量分别占花针期钾素总量的 8.10%、47.1%、39.0%、5.75%；结荚期根、茎、叶、荚果钾素吸收量分别占结荚期钾素总量的 7.28%、32.7%、31.9%、28.1%；成熟期根、茎、叶、荚果钾素吸收量分别占成熟期钾素总量的 7.11%、37.4%、12.7%、42.8%。可见从花针期开始，根茎叶中的钾素开始向荚果中转移，荚果吸钾量增加。

表4-5　花生不同器官钾的吸收与分配

生育期	钾在不同器官的分配（kg/hm²）					不同器官钾素分配比例（%）			
	根	茎	叶	荚果	总量	根	茎	叶	荚果
苗期	0.22	1.25	1.19	—	2.66	8.10	47.1	44.8	—
花针期	2.52	14.7	12.2	1.79	31.1	8.10	47.1	39.0	5.75
结荚期	4.21	18.9	18.5	16.2	57.8	7.28	32.7	31.9	28.1
成熟期	5.82	30.6	10.4	35.0	81.8	7.11	37.4	12.7	42.8

（三）小结

1. 干物质积累特性

整个生育期内，苗期干物质积累最少，花针期后干物质积累速度迅速增加，结荚期积累量达到生育期总干物质量的 57.7%，其中荚果干物质积累占 36.0%，因此结荚期是花生干物质积累和产量形成的关键时期。

2. 养分吸收分配特性

本研究结果表明在辽宁连作地块形成 100kg 荚果产量需要氮磷钾量分别为 N 4.15kg，P_2O_5 1.16kg，K_2O 2.05kg。氮素的吸收高峰出现在花针期—结荚期，磷素的吸收高峰出现在结荚期—成熟期，钾素吸收高峰出现在花针期—结荚期。随着生育期的推进，根、茎、叶的氮磷钾养分吸收量所占比例逐渐降低，荚果吸收所占比例逐渐增加。从花针期开始，根、茎、叶中的养分开始向荚果中转移，结荚期是养分吸收的关键时期。

3. 施肥建议

根据花生需肥特性氮肥可作基肥、花针期追肥、结荚期追肥分 3 次施入，施入比例为总氮量的 40%、35%、25%；磷在土壤中不易移动可作为基肥一次施入；结荚期对钾肥需求量增加，因此钾肥可作基肥、结荚期追肥施用，施入比例分别为 65%、35%。

第二节　测土配方施肥技术

测土配方施肥是一项先进精准的施肥技术，根据作物需肥规律、土壤供肥性能与肥料效应，在合理施用有机肥料的基础上，提出氮、磷、钾及中、微量元素等肥料的施用数量、施肥时期和施用方法。花生对氮肥需求量较大，种植者往往过度施用氮肥，忽略磷钾肥等其他肥料的施用，多年连作后造成土壤肥力下降和根系对肥料的吸收障碍，因此测土配方施肥技术也是破解花生连作障碍的有效途径之一。我国开展测土配方研究是在 20 世纪 80 年代，起步相对较晚。世界各地对配方施肥的研究已经有近百年的历史，目前对测土配方研究比较成熟研究方法有两个：一是田间试验生物统计学方法；二是测土配方方法，根据土壤肥力学原理开展土壤测试，这一方法操作简便，是目前国外大面积推广的主要方法。

测土配方施肥技术首先要摸清土壤肥力情况，根据土壤供肥能力水平配以对应的施肥方法。关于大量元素施肥方法的探究，目前使用较为广泛的测土配方施肥试验方案为"3414"田间肥效试验，是 2006 年我国农业部发布的《测土配方施肥技术规范（试行）》中推荐采用的方案设计，是测土配方施肥工作中的一个重要环节。它既是获得各种作物最佳施肥比例、施肥量、施肥时期、施肥方法的首要途径，也是筛选土壤养分测试方法、建立测土配方施肥指标体系的基本环节。为了使研究结果更加贴近地区的生产实践，笔者对辽宁省的土壤养分亏缺情况及施肥现状进行了系统调查，其调查结果如下。

（一）辽宁地区主要土壤养分及施肥情况调查

目前，辽宁西北部地区已成为辽宁省花生主产区，到 2019 年该地区花生种植面积占辽宁省花生总面积的 84.3%。由于常年种植花生，辽宁花生主产区连作障碍现象比较严重，土壤 pH 值整体上处于 5.0~6.5，呈弱酸性（表 4-6）。通过调查辽宁省花生种植区 220 个点位，其中辽西北 80 个点位，辽中、辽北各 40 个点位，辽南、辽东各 30 个点位，根据全国第二次土壤普查分级标准（表 4-7），获得以下结果，辽西北农田土壤的 pH 值<5.5 的土壤占总样本数的 44.3%，pH 值 5.5~6.5 的为 38.8%；辽北 pH 值 5.5~6.5 的为 39.5%；辽南土壤全部呈酸性；辽中土壤 pH 值 5.5~6.5 的为 35.7%；辽东土壤 pH 值<5.5 的为 62.5%，pH 值 5.5~6.5 的为 37.5%。辽宁省花生产区土壤有机质均值含量处于 9.9~19.1g/kg，只有 0.34% 的农田土壤有机质含量较高，中等水平的占 4.30%，低和极低水平的占 95.4%，有机质含量属于较低水平。辽宁省土壤碱解氮和速效钾含量不高，氮、钾养分低和极低地区分别占总体的 45.1% 和 64.3%，而有效磷相对丰富，低和极低地区较少仅为 11.4%。总体来说，辽宁花生种植区的土壤氮素含量处于低等水平，钾素含量处于中等水平，磷素处于高等水平，由于土壤速效氮以及有机质含量较低，因此土壤肥力整体上属于中等或偏下水平。

表 4-6　辽宁省花生产区农田土壤化学性质调查结果（均值±标准差）

不同区域	pH 值	有机质（g/kg）	碱解氮（mg/kg）	有效磷（mg/kg）	速效钾（mg/kg）
辽宁西北部	5.80±0.80	12.3±4.52	101±36.3	27.0±14.1	94.3±37.5
辽宁南部	4.70±0.42	15.7±5.60	96.2±22.0	20.8±9.37	79.2±34.2
辽宁中部	6.85±0.81	13.2±4.60	92.1±20.1	28.3±27.6	108±25.4
辽宁北部	6.98±0.90	9.92±2.41	60.1±34.1	18.6±10.3	97.2±24.6
辽宁东部	5.41±0.41	19.1±8.41	98.1±28.5	19.4±12.8	43.8±12.2

表 4-7　农田土壤有机质及养分分级标准

土壤养分等级	有机质含量（g/kg）	速效养分指标（mg/kg）		
		碱解氮	有效磷	速效钾
极高	>40	>150	>40	>200
高	30~40	120~150	20~40	150~200
中	20~30	90~120	10~20	100~150
低	10~20	60~90	5~10	50~100
极低	<10	<60	<5	<50

此外，对辽宁省不同花生种植区的施肥情况进行了详细调研（表 4-8），辽宁省花生主要分为 4 个产区，即东部、南部、西部、中北部花生产区，不同地区的施肥量具有显著差异。主要表现为，施氮肥最高的地区是辽宁西部，其次为辽宁东部与辽宁南部，最低为辽宁中北部。施钾肥最高的区域为辽宁东部，施磷肥较高的区域为辽宁中北部及辽宁东部。从施肥比例来看，施氮肥比例最高，其次为磷肥，最低为钾肥。从施肥方式来看（表 4-9），农民施肥多以二铵或二铵掺复合肥做基肥使用，施肥模式以一次肥的比例较多，尤其是辽南、辽东和辽北地区很少追肥。而辽西地区土壤沙化严重，氮素追肥比例较大。此外，覆膜花生比非覆膜花生每公顷要多施肥 75~150kg。

表 4-8　辽宁省花生产区化肥施用情况调查

不同区域	化肥纯养分使用量（kg/hm²）			化肥氮磷钾比例		
	N	P₂O₅	K₂O	N	P₂O₅	K₂O
辽宁东部	105~155	80~105	80~105	1	0.90~1.00	0.90~1.00
辽宁南部	105~135	70~95	60~80	1	0.67~0.83	0.44~0.67
辽宁西部	110~180	70~95	70~100	1	0.56~0.62	0.62~0.81
辽宁中北部	105~125	80~100	70~100	1	0.85~0.94	0.56~0.94

表4-9　辽宁省花生施肥模式占比调查结果

	辽东	辽南	辽西	辽中北
一次性施肥	一次性施肥比例占95%以上，很少有追肥。有氮磷钾含量均为15%和多种配方肥	一次性施肥比例占75%以上。氮磷钾含量均为15%的比例要多一些还有也是以高含量配方肥为主。单质肥料复配占5%左右	一次性施肥比例很低，<10%。氮磷钾含量均为15%的和其他花生配方肥各占50%	一次性施肥比例占60%，氮磷钾含量均为15%的和其他花生配方肥各占50%
追肥	追肥以尿素为主，叶面追肥喷磷酸二氢钾和多种微量元素	追肥占25%，以尿素为主，每亩3~5kg，大多叶面喷施磷酸二氢钾和复合微量元素	追肥占90%，以尿素为主，大多追5~7.5kg，高者追10kg，少量的追5~10kg复合肥	追肥占40%，以尿素为主，大多数进行叶面配施磷酸二氢钾和复合微量元素
有机肥	生物有机肥和农家肥，比例约5%	很少施用有机肥	少量施用农家肥	施用农家肥农户占比8%左右

（二）"3414"试验

"3414"设计方案除了可应用14个处理进行氮、磷、钾三元二次肥料效应方程的拟合外，还可分别进行氮、磷、钾中任意一元效应方程的拟合。例如：选用处理2、3、6、11可求得在 P_2K_2 水平为基础的氮肥效应方程；选用处理4、5、6、7可求得在 N_2K_2 水平为基础的磷肥效应方程；选用6、8、9、10可求得在 N_2P_2 水平为基础的钾肥效应方程。此外，通过处理1，可获得基础地力产量，即空白区（$N_0P_0K_0$）产量。"3414"试验方案的优点是回归最优设计处理少、效率高，即使其中某一个或几个处理出现问题，仍然可以获得一些用于施肥决策的有效信息，提高了试验效率。

关于"3414"试验结果中的数据，即作物产量和施氮量的关系的函数，可以用三元二次以及一元肥料效应函数拟合。肥料效应函数法是建立在田间试验生物统计基础上，确定施肥量和产量之间的数学关系的方法，通过该方法可以确定作物的最高产量和最佳施肥量等参数，可以直观地反映不同元素的肥效，具有精确度高、反馈性好的特点。

1. 材料与方法

（1）试验地点

2008年于辽宁省主要花生种植区进行了田间"3414"试验，试验数量为34个，试验区的土壤性质如下，其中土壤 pH 值 6.33±0.72，有机质（14.3±

4.4）g/kg，碱解氮（84.0±25.9）mg/kg，速效磷（26.8±15.1）mg/kg，速效钾（104±37.4）mg/kg。

（2）试验设计

试验设计见表4-10，"3414"试验方案处理编号（下标为养分施用量水平）：$N_0P_0K_0$，$N_0P_2K_2$，$N_1P_2K_2$，$N_2P_0K_2$，$N_2P_1K_2$，$N_2P_2K_2$，$N_2P_3K_2$，$N_2P_2K_0$，$N_2P_2K_1$，$N_2P_2K_3$，$N_3P_2K_2$，$N_1P_1K_2$，$N_1P_2K_1$，$N_2P_1K_1$。4个施肥水平：0水平指不施肥，2水平指当地最佳施肥量，1水平=2水平×0.5，3水平=2水平×1.5（过量施肥水平），具体施肥量见表4-11。通过"3414"试验结果中的数据，建立花生产量和施肥量的关系函数，本研究主要使用三元二次以及一元肥料效应函数拟合。

表4-10　花生"3414"试验方案

处理	养分配比	氮肥水平（N）	磷肥水平（P_2O_5）	钾肥水平（K_2O）
1	$N_0P_0K_0$	0	0	0
2	$N_0P_2K_2$	0	2	2
3	$N_1P_2K_2$	1	2	2
4	$N_2P_0K_2$	2	0	2
5	$N_2P_1K_2$	2	1	2
6	$N_2P_2K_2$	2	2	2
7	$N_2P_3K_2$	2	3	2
8	$N_2P_2K_0$	2	2	0
9	$N_2P_2K_1$	2	2	1
10	$N_2P_2K_3$	2	2	3
11	$N_3P_2K_2$	3	2	2
12	$N_1P_1K_2$	1	1	2
13	$N_1P_2K_1$	1	2	1
14	$N_2P_1K_1$	2	1	1

表4-11　"3414"试验施肥水平

项目	1水平（kg/hm²）			2水平（kg/hm²）			3水平（kg/hm²）		
	N	P_2O_5	K_2O	N	P_2O_5	K_2O	N	P_2O_5	K_2O
施肥量	67.5	52.5	57.5	135	105	115	180	157.5	172.5

（3）测定指标

收获后，每个小区取 $10m^2$ 花生荚果测产，记录产量及产量构成因子指标。同时测量不同器官的氮、磷、钾养分含量。

（4）数据分析与统计方法

"3414" 试验结果资料的统计分析主要为回归分析，包括回归方程的建立以及回归系数的检验，最终建立产量与施肥量之间的二次回归方程。通过方程确定最大施肥量与最佳施肥量，并根据施肥量预测产量。本研究选用浙江大学研发的数据处理软件 DPS V2.0 来完成氮、磷、钾肥料效应方程的拟合。输入数据后，选择要分析的数据，选择 "试验统计" 下面的 "3414 试验统计分析" 功能，便可得出氮、磷、钾 3 个因素与产量关系的三元二次效应方程；此外，通过 "施肥模型" 选择框中选择不同的施肥模型，来获得某个养分与产量的一元二次或者二元二次效应方程。在方程建立之后，在 "施肥用量及价格参数" 栏目中，输入各种肥料的价格以及花生产量的单价，求出最佳施肥量及最高产量。

不同处理间数据显著性差异采取 SPSS 13.0 软件进行单因素方差分析，Duncan 法进行显著性检验（$P<0.05$）。

2. 结果与分析

（1）不同处理的产量结果比较

从表 4-12 可知，不同处理的花生产量变化很大，均值从最小值 $2\,895kg/hm^2$ 到最大值 $4\,065kg/hm^2$，呈 1.4 倍的差异。每个处理的最大值与最小值也差异很大，可达 2~3 倍的差异。所有处理的变异系数在 20.6%~30.4% 变化，数值变异最大的为处理 8（$N_2P_2K_0$），最小的为处理 12（$N_1P_1K_2$）。

表 4-12　花生荚果产量　　　　　　　　　　（kg/hm^2）

处理	平均±SE	SD	最小值	最大值	变异系数（%）
1	2 895±125	851	1 455	5 325	29.4
2	3 210±140	951	1 029	5 445	29.6
3	3 735±132	903	2 310	6 735	24.2
4	3 450±149	1019	1 367	6 945	29.5
5	3 720±135	927	1 620	6 960	24.9

（续表）

处理	平均±SE	SD	最小值	最大值	变异系数（%）
6	4 065±135	927	2 400	7 095	22.8
7	3 600±141	971	1 107	6 360	26.9
8	3 255±144	989	1 374	6 885	30.4
9	3 585±120	821	1 860	5 430	22.8
10	3 585±129	888	1 500	5 565	24.7
11	3 510±129	888	2 010	5 835	25.2
12	3 585±108	738	1 725	5 295	20.6
13	3 510±125	849	2 010	5 895	24.1
14	3 480±132	902	1 665	5 685	25.9

（2）花生不同器官养分含量

从表4-13看出，所有处理的养分含量均值表现为，氮含量最高，钾含量次之，磷含量最低。其中，荚果氮素、磷素含量高于茎叶，而钾素含量低于茎叶。主要因为成熟期营养元素氮、磷从茎叶转移到荚果中去，参与蛋白质及磷脂的构成，而对钾素需求较低，主要留在茎叶中。

表4-13　花生不同器官养分含量　　　　　　　　　（%）

器官	养分含量		
	N	P	K
荚果	3.67±0.34	0.367±0.05	0.647±0.11
茎叶	1.29±0.37	0.166±0.07	1.140±0.39

（3）肥料效应函数拟合

1）三元二次肥料效应函数模型

根据 DPS 软件 "3414" 设计方案首先采用三元二次多项式模型进行回归，以施氮量、施磷量、施钾量作为自变量，以花生产量作为因变量，求得产量与氮磷钾三因素的三元二次肥料效应函数，即：

$$Y = b_0 + b_1 N + b_2 P + b_3 K + b_4 NP + b_5 NK + b_6 PK + b_7 N^2 + b_8 P^2 + b_9 K^2 \qquad 方程1$$

式中：Y 为花生产量（kg/hm^2），为因变量；N、P、K 分别为纯 N、P_2O_5 和 K_2O 的施用量（kg/hm^2），为自变量。根据自变量与因变量的数据关系，通过数据拟合功能得出方程1中各个参数的拟合结果，见表4-14。

表4-14　回归方程参数拟合结果

项目	b_0	b_1	b_2	b_3	b_4	b_5	b_6	b_7	b_8	b_9	R^2
均值	2 694	24.07	9.44	7.00	-0.66	0.84	2.07	-4.17	-2.08	-2.06	0.895

从表4-14得知，方程 $R^2 = 0.895$，说明参数拟合结果较好，把各个参数代入三元二次肥料效应方程中，方程1变为方程2：

$$Y = 2\ 694+24.07N+9.44P+7.00K-0.66NP+0.84NK+2.07PK$$
$$-4.175N^2-2.08P^2-2.06K^2 \qquad\qquad 方程2$$

从方程2可以得出，不施肥处理（$N_0P_0K_0$）的产量为2 694kg/hm²，与实际测量结果2 895kg/hm²比较接近，同时，氮肥的系数 b_1 与 b_7 比磷与钾肥的系数都高出很多，说明氮肥对花生产量的影响最大，其次是磷肥，再次是钾肥。

2）一元二次回归模型

14个处理中，选用处理2、3、6、11可求得在 P_2K_2 水平为基础的氮肥效应方程；选用处理4、5、6、7可求得在 N_2K_2 水平为基础的磷肥效应方程；选用6、8、9、10可求得在 N_2P_2 水平为基础的钾肥效应方程。建立氮、磷、钾肥施用量与花生产量的一元二次回归模型，即：

$$Y = b_0 + b_1X+b_2X^2 \qquad\qquad 方程3$$

其中，Y 为花生产量（kg/hm²），为因变量，X 分别为纯 N、P_2O_5 和 K_2O 的施用量（kg/hm²），为自变量。

选用2、3、6、11处理的产量结果进行回归拟合，得到氮的一元二次方程为：

$$Y = 2\ 325 + 8.153N-0.0127N^2 \ (R^2 = 0.894) \qquad 方程4$$

选用4、5、6、7处理的产量结果进行回归拟合，即得磷的一元二次方程为：

$$Y = 2\ 597 + 12.110P-0.0347P^2 \ (R^2 = 0.832) \qquad 方程5$$

选用6、8、9、10处理的产量结果进行回归拟合，得到钾的一元二次方程为：

$$Y=2\ 601 + 14.449K-0.052K^2 \ (R^2=0.883) \qquad 方程6$$

从方程 4～6 可以看出，从缺素区的产量来看，缺氮处理为 2 325kg/hm²，产量最低；而缺钾区的产量最高，为 2 601kg/hm²；缺磷素的产量与缺钾素相似，为 2 597kg/hm²。说明缺氮对产量影响最大，缺钾与缺磷对产量影响较小。由于试验区速效磷、钾养分含量处于中等水平，因此第一年不施磷钾肥对花生产量影响不大。

（4）推荐施肥量的确定

从三元二次回归方程与一元二次回归方程拟合得到了推荐施肥量与最高产量（表4-15）。其中，三元二次方程推荐的最高产量为 3 842kg/hm²，而一元二次方程推荐的最高产量在 3 942～4 035kg/hm²变化。说明一元二次方程的拟合结果高于三元二次回归方程。从推荐的施肥量看，一元二次方程推荐的养分用量与三元二次方程一致，范围区间氮为 135～140kg/hm²，磷为 84～90kg/hm²，钾为 99～102kg/hm²。

表4-15　不同方程推荐施肥量及产量

肥效方程	养分	推荐用量（kg/hm²）	最高产量（kg/hm²）
三元二次方程	N	135	
	P_2O_5	84	3 842
	K_2O	99	
一元二次方程	N	140	4 031
	P_2O_5	90	4 035
	K_2O	102	3 942

3. 小结

（1）建立了肥料效应函数方程，获得最佳推荐施肥量及最高产量

即三元二次方程和一元二次方程：

$$Y=2\ 694+24.07N+9.44P+7.00K-0.66NP+0.84NK$$
$$+2.07PK-4.175N^2-2.08P^2-2.06K^2$$

$$Y=2\ 325+8.15N-0.0127N^2$$

$$Y=2\ 597+12.10P-0.0347P^2$$

$$Y=2\ 601+14.4K-0.0520K^2$$

获得了辽宁花生产区肥料施用范围氮为 135~140kg/hm²，磷（P_2O_5）为 84~90kg/hm²，钾（K_2O）为 99~102kg/hm²。最高产量区间为 3 842~4 035kg/hm²。

（2）获得了辽宁地区花生单位产量的养分需求参数

100kg 荚果产量需肥量 N 为 4.69kg，P_2O_5 为 1.03kg，K_2O 为 1.81kg。

（三）线性加平台肥料效应函数

在当前生产条件下，由于高产耐肥品种的推广应用，在一定的施肥量范围内，即使过量施肥产量也不下降的效应趋势。"3414"试验设计主要是用三元二次施肥模型对数据进行拟合，虽然该试验设计具有很大的信息挖掘能力，然而，人们在实际工作中往往很少考虑二元或一元肥料效应方程，在三元二次肥料效应方程拟合不成功时，往往放弃对试验数据的处理，致使"3414"试验的效率降低。在实际应用中，相当多的试验结果因不能用三元二次模型进行拟合而被舍弃，这是当前这一工作中存在的一个实际问题。迄今为止国内学术界对这一问题及其产生的后果尚未予以足够的重视。相当多的试验结果因不能被三元二次模型拟合而被舍弃，造成信息的失真，从而使结果缺乏完整性。

除了"3414"试验中的三元二次方程、一元二次方程等单段函数之外，一些数据点是无法用单一函数来描述的，为了使肥料效应曲线更加贴近实际数据，可以通过分段函数来进行拟合。目前关于分段函数的肥效曲线通常采用一元二次方程加平台函数，或者简单线性加平台函数。实际上，人们发现简单线性加平台模型更能更好地拟合产量和施氮量的关系，更加符合在当前生产条件下过量施肥产量也不下降的效应趋势。考虑到磷肥与钾肥对产量的影响效果远低于氮肥，因此，为了简化"3414"试验的复杂性，在本研究设计了氮肥阈值梯度试验，以期发现花生荚果产量与施氮水平的简单效应关系，从而指导花生生产实践。

1. 材料与方法

（1）试验设计

2012 年分别在辽宁省阜新市彰武县西六乡八家子村进行氮素用量试验，土壤质地均为风沙土，土壤基础肥力见表 4-16。供试肥料为复合肥（17-17-17）、尿素（N 46%）、过磷酸钙（P_2O_5 12%）、硫酸钾（K_2O 50%）。供试花生品种为阜花 12，由辽宁省农业科学院风沙研究所培育。试验在磷（P_2O_5）105kg/hm²、钾（K_2O）105kg/hm²的基础上，设 5 个氮素梯度水平，即 0kg/hm²、135kg/hm²、180kg/hm²、225kg/hm²、270kg/hm²。磷肥和钾肥一次性施入，氮肥 2/3 做基肥，1/3 做追肥，于花针期追施，小区面积 30m²，随机排列，3 次重复。5 月 11 日播种，9 月 17 日收获。穴距 13cm，行距 50cm，双粒播种，1 万穴/亩。播种前采集耕层混合土样，进行土壤基础肥力测定。苗期、花针期和结荚期调查植株高度、叶片光合作用（使用叶片相对叶绿素含量表示，SPAD）。收获期（9 月 17 日）选择有代表性的地块收获荚果，测量荚果产量，以收获后风干 30d 为准，同时测量单株饱果数、单株饱果重、百果重、百仁重和出米率。

表 4-16 土壤基本理化性质

地点	pH 值	全 N（g/kg）	全 P（g/kg）	全 K（g/kg）	有机质（%）	碱解 N（mg/kg）	速效 P（mg/kg）	速效 K（mg/kg）
辽宁彰武	5.83	0.89	0.62	16.7	0.52	52	30.6	75

（2）肥效函数拟合

选择 SPSS 13.0 软件的数据拟合功能，选择其中非线性回归拟合菜单，输入如下方程：

$$Y = (x<150) \times (a+bx) + (x \geq 150) \times c$$

其中，Y 为产量，x 为施肥量，根据试验所得结果，最佳施肥量应该在 135~180kg/hm²，因此本研究设置 150 为初始值，即假设平台 Y 值对应的最佳施肥量 x 值为 150kg/hm²，a、b、c 为参数，c 为平台值，通过数据拟合功能求得参数 a、b、c 的数值，最终计算最佳推荐施肥量，即为最佳施肥量 $x = (c-a)/b$。

2. 结果与分析

（1）不同氮肥用量对花生株高的影响

如图 4-2 所示，从苗期到花针期，氮肥对花生株高影响不明显；随着生育期的延长，到结荚期植株迅速生长，接近最大值；到成熟期的时候，各处理株高相比结荚期变化不显著。从不同施氮处理来看，除不施氮肥处理，其余各处理苗期施氮量对株高的影响不显著；到结荚期株高随着施氮量的增加显著增加，尤其在氮肥用量<180kg/hm²时，株高与施氮量之间呈极显著正相关关系。在氮肥用量介于180~270kg/hm²时，处理之间株高变化不显著，说明氮肥用量>180kg/hm²时，对花生植株生长作用不大，过量施肥只能引起肥料浪费。

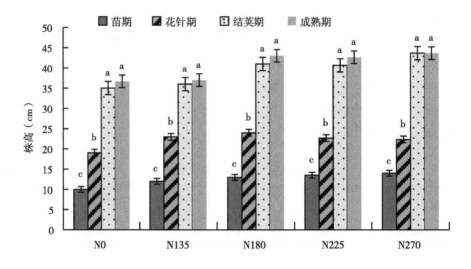

图4-2　氮肥用量对花生株高的影响

（2）不同氮肥用量对光合作用的影响

通过测量花生功能叶片相对叶绿素含量（SPAD）比较不同氮肥处理对叶片光合作用的影响。如图4-3所示，所有处理的SPAD值都呈现出从苗期到结荚期逐渐增大，到成熟期又显著下降的趋势，说明叶片的光合作用从苗期到结荚期逐渐增强，到成熟期又迅速减弱。除了N0处理外，其他处理的SPAD值变化不大，说明施氮135 hm²时，就能满足花生光合作用的需要，过多施氮无促进作用。

（3）不同氮肥用量对花生产量的影响

从表4-17可以看出，与不施氮肥相比，施用氮肥均可提高花生荚果产量，随施氮量的增加其产量出现增加的趋势，当氮用量达到180kg/hm²时，产量显著增加，之后随着氮肥用量的增加产量增加不明显。N180处理产量最高，比N0处理提高65.4%。施氮肥增产的主要原因是增加了百果重、单株饱果重。本研究结果表明一定施氮范围内，花生荚果产量随施氮量的增加而增加，当氮肥增加到一定量时，荚果产量不再增加甚至有降低的趋势。

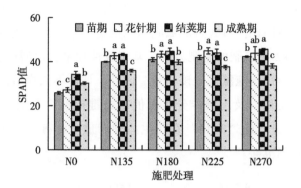

图4-3 氮肥用量对花生叶片光合作用的影响

表4-17 不同施氮处理对花生荚果产量的影响

处理	荚果 （kg/hm²）	百仁重 （g）	百果重 （g）	单株饱果数 （个）	单株饱果重 （g）	出米率 （%）
N0	2 025c	57.0	123	13.5	17.0	71.7
N135	3 321b	63.0	130	12.8	21.5	70.7
N180	3 520a	70.0	156	13.0	24.5	70.7
N225	3 500a	68.5	150	12.5	20.0	70.0
N270	2 910b	60.3	128	9.11	11.7	70.7

（4）简单线性加平台肥料效应曲线拟合

从图4-4看出，线性加平台模型可以较好地拟合荚果产量与施氮水平的关系，相关系数达到0.95。如图4-4所示，在氮肥施用量低于156kg/hm²时，产量与施肥量符合简单线性正相关关系，在施氮量介于156～225kg/hm²时，产量不变，保持在3 510kg/hm²，在施肥量大于225kg/hm²时，产量开始下降，产量与施肥量呈现负相关关系。因此，根据方程推算最佳施肥量为156kgN/hm²，最高产量为3 510kg/hm²。辽宁彰武属于辽宁西部地区，该地区土壤十分贫瘠，农民施肥量较高，通常为180kg/hm²左右，与当地习惯施肥量相比，本研究推荐的施氮量不降低荚果产量的基础上，节约氮肥用量13.3%。基于线性加平台模型的优化施氮量为156kg/hm²，略高于"3414"试验得出的优化施氮量值135～

140kg/hm²，主要原因包括线性加平台模型的试验设计中氮肥的施用方式不太合理，即为氮肥2/3做基肥，1/3做追肥，由于辽宁彰武地区土壤漏水漏肥，基肥施用比例过大造成氮肥前期浪费严重。如果改变氮肥施用方式为1次基肥+2次追肥的施肥方式，基于线性加平台模型试验与"3414"试验得出的推荐最佳施氮量应该一致。此外，评价不同模型的预测能力还需要考虑花生品种以及土壤养分本底值等关键指标。本试验年限为2012年，比2008年进行的"3414"在花生品种产量上都有所改善，施肥量略微提高属于合理范畴。

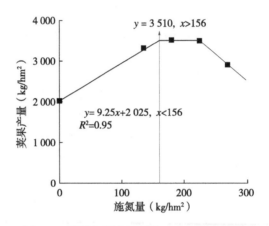

图4-4 线性加平台肥料效应方程拟合结果

3. 小结

通过株高、SPAD值的研究结果发现，当氮肥用量介于135～180kg/hm²时，就可满足花生生长发育对养分的需求。通过线性加平台肥料效应模型拟合结果显示，在氮肥用量低于156kg/hm²时，产量与施氮量呈显著正相关关系，此时施用氮肥荚果增产显著；在156～225kg/hm²时，产量恒定保持在3 510kg/hm²，此时施氮对产量影响不大；在施氮量大于225kg/hm²时，产量与施肥量呈现负相关关系，此时继续施氮产量显著降低。线性加平台肥料效应模型得出的最佳氮用量为156kg/hm²，在不降低荚果产量的基础上，节约氮肥用量13.3%，提高了氮肥利用效率。综上所述，建议最佳推荐氮肥用量为156kg/hm²。

第三节　新型肥料调控技术

（一）控释氮肥对花生氮肥吸收利用的影响

施用含氮的化肥越多，对土壤酸化的影响程度越大。在我国花生田施用含氮化肥中大多是氨态氮肥，花生吸收化肥中的氨态氮后，根系会分泌出大量的 H^+，在一定程度上会造成连作土壤 pH 值的下降。

控释肥作为一种新型肥料，具有缓慢释放、肥效期长、养分利用率高的特点，可以供作物整个生育期生长需求。控释氮肥的肥效释放方式可以减轻无机氮肥对根瘤菌侵染的抑制作用，提高豆科作物的根瘤固氮能力，对豆科作物产量及氮肥利用率的提高具有显著效果。此外，使用控释氮肥可以有效地控制肥料的过度施用，提高肥料利用效率，从而降低化肥总施入量。因此控释肥产品和使用技术的研发工作越来越得到广泛关注，通过施用控释肥来缓解土壤酸化和提高花生产量从而破解花生连作障碍也将在花生生产上广泛应用。目前关于控释肥料对土壤养分吸收、花生生长发育及生理特性的影响已见报道，但有关控释肥料对花生生长发育相关酶活性的影响鲜有报道。花生是需氮较高的作物，氮代谢是影响花生生长发育和产量品质的重要生理过程，与氮代谢的相关酶类对不同氮素肥料的相应机理还未见开展。本文比较了普通氮素肥料与控释氮素肥料对花生生长发育过程的关键酶类的影响，以期为花生高产高效施肥提供理论依据。

1. 材料与方法

（1）试验设计

试验布置于 2012 年，试验地点位于辽宁省阜新市彰武县西六乡八家子村的多年连作地块。供试花生品种为阜花 12 号。试验设 4 个处理，分别为：CK 不施肥，简称 CK；参照当地农民施肥习惯，施尿素氮肥 $180kgN/hm^2$，100% 作基肥，简称 N1；施尿素氮肥 $180kgN/hm^2$，40% 作基肥，35% 于花针期（6 月 20 日）追施，25% 于结荚期（7 月 20 日）追施，即 40%-35%-25% 基追配比施肥模式，简称 N2；施控释氮肥 $153kgN/hm^2$，即比农民常规施氮减少 15%，100% 作基肥施用，简称 N3。控释氮肥使用山东金正大公司生产的缓释尿素（硫加树脂包膜，含 N35%）。试验小区面积 $30m^2$（15m×

2m），随机区组排列，3 次重复。播种前各处理均施 P_2O_5 105kg/hm^2，K_2O 105kg/hm^2，硫酸锌 45kg/hm^2，硫酸亚铁 45kg/hm^2，硼砂 22kg/hm^2。行距 50cm，穴距 10cm，每穴单粒。5 月 10 日播种，9 月 21 日收获，其他田间管理方法与当地一致。

（2）测定项目与方法

1）光合指标测定

每小区选取 10 株花生标记功能叶（主茎倒三叶），于晴朗天气 10：00—14：00 时使用 LI-6400XT 光合仪测定花生主要生育时期（即苗期、花针期、结荚期和成熟期）功能叶片净光合速率（Pn）及细胞间隙二氧化碳浓度（Ci）、叶片过氧化物酶（POD）、可溶性蛋白质（Pr）、丙二醛（MDA）及硝酸还原酶（NR）含量。测量结果取 10 株平均值。

2）酶活性测定

酶液提取方法：取花生倒三叶叶片，去主脉，剪碎，称取 0.5g 放入研钵中，加 5ml pH 值 7.8 的磷酸缓冲液，冰浴研磨至匀浆，倒入离心管中，于 10 000r/min、0~4℃条件下离心 20min，上清液即为酶液，置于 0~4℃冰箱中保存待用。

测量主要生育时期即苗期、花针期、结荚期和成熟期功能叶片过氧化物酶（POD）、可溶性蛋白质（Pr）及丙二醛（MDA）含量。POD 测定采用愈创木酚法，以 1min 吸光度变化值表示酶活性大小，酶活性以 $\Delta OD_{470}/$（g·min·FW）表示；MDA 含量采用硫代巴比妥酸法；可溶性蛋白质测定采用考马斯亮蓝法；硝酸还原酶（NR）含量测定采用比色法。

3）产量构成因素测定

收获时每个重复选取 10 株花生考种，计算百果重、百仁重、出仁率。同时，每小区取中间 10m^2 花生测产，分别称取茎叶、荚果鲜重、干重，并估算产量。

4）根瘤计数

于结荚期每小区随机选取各处理 5 穴测定有效根瘤数，即着生在主根和侧根上，个体饱满，内含物为红色或粉红色的根瘤总数。

（3）数据处理

氮肥利用率（%）=（施氮区植株吸氮量-不施氮区植株吸氮量）/施

氮量×100%

植株吸氮量＝（花生茎叶含氮量×茎叶干物质量）＋（花生荚果含氮量×荚果干物质量）

2. 结果与分析

（1）不同施氮方式对花生光合性能的影响

整个生育时期内，所有处理花生 Pn 及 Ci 呈现出逐渐升高达最大值后又持续降低的单峰变化趋势。从表 4-18 可以看出，CK 处理在整个生育期内 Pn 及 Ci 都低于其他处理；N3 处理的 Pn 及 Ci 值在整个生育时期都较高；N1 处理的 Pn 及 Ci 值在苗期较高，但在花针期开始低于 N2 及 N3 处理，结荚期基本与 CK 一致；N2 在整个生育期内 Pn 及 Ci 值仅次于 N3 处理，但明显高于 CK 与 N1 处理。从以上结果发现，施用氮肥后，N1、N2、N3 处理的光合指标明显改善，尤其是 N2、N3 处理的 Pn 在苗期、花针期和结荚期与 CK 均达到显著性差异。

表 4-18　花生叶片不同生育时期 Pn 及 Ci 变化

处理	净光合速率 Pn［mmol/（m²s）］				细胞间隙二氧化碳浓度 Ci（cm/s）			
	苗期	花针期	结荚期	成熟期	苗期	花针期	结荚期	成熟期
CK	15.9±1.2b	20.4±1.1b	16.0±1.3b	12.4±1.8a	166±10a	230±14b	190±12b	152±10a
N1	19.2±2.0a	22.8±1.6ab	16.5±1.5b	12.3±1.7a	177±14a	243±17ab	195±16b	165±15a
N2	18.1±1.3a	24.6±1.6a	18.3±1.9ab	12.9±1.0a	167±16a	262±15a	219±14a	167±15a
N3	20.5±1.5a	25.6±1.7a	20.2±1.7a	12.0±1.9a	179±15a	265±16a	220±18a	166±13a

注：显著性分析为同列比较，显著性水平为 $P<0.05$，表格中的数值为平均值±标准差。

（2）不同施氮方式对花生酶活性的影响

POD 可以清除植物体内的 H_2O_2，是植物体内重要的活性氧清除系统之一，是植物酶保护系统中关键性酶。如图 4-5 所示所有处理功能叶片 POD 活性在整个生育时期内显著升高。苗期至花针期各处理 POD 活性差别不大；而结荚期至成熟期，N2、N3 处理的 POD 活性显著高于 CK 和 N1 处理，且 N2 成熟期 POD 活性最高。

叶片中可溶性蛋白质（Pr）主要是一些酶蛋白，它是反映酶蛋白功能变化的指标之一。随着叶片的老化，这种对光合作用有重要作用的酶迅速被分解，这是老化过程中叶片光合作用机能迅速减退的重要原因。从图 4-6

可以看出，苗期处理 N1、N2、N3 的 Pr 显著高于 CK 处理，花针期与结荚期 N2 处理与 N3 处理，Pr 显著高于 CK 与 N1 处理，成熟期各处理 Pr 基本持平。以上结果显示，Pr 与 Pn 有很好的相关性，各生育时期变化趋势基本相同。

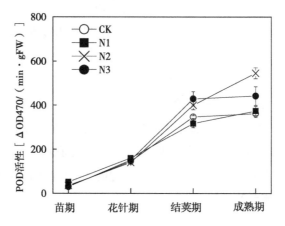

图 4-5　不同施氮方式下花生功能叶片过氧化物酶（POD）含量变化

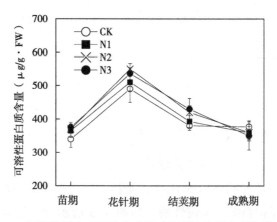

图 4-6　不同施氮方式下花生功能叶片可溶性蛋白质含量变化

　　丙二醛（MDA）是植物受到逆境胁迫时膜脂过氧化作用的最终产物，其含量高低反映了植物细胞膜受伤害的程度，其含量的大幅度升高标志着植株快速转向衰老。从图 4-7 看出，整个生育期内，不同施氮处理花生叶片 MDA 含量逐渐升高，且成熟期达最大值。苗期 CK 处理明显高于其他处理，且各生育期内数值都较高。N1 处理各时期 MDA 含量仅次于 CK 处理。

N2、N3 处理整个生育期内 MDA 含量都低于 CK 及 N1 处理，且这两个处理 MDA 含量苗期差异显著，后 3 个时期无显著差异。说明合理施 N 可以延缓花生叶片衰老。

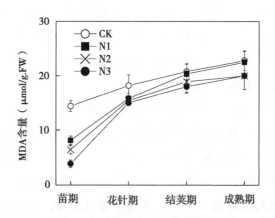

图 4-7　不同施氮方式下花生功能叶片丙二醛（MDA）含量变化

硝酸还原酶是植物氮代谢的关键酶，催化 NO_3^- 转化为氨基酸的第一步反应，是一种限速酶，直接影响到蛋白质的合成。从图 4-8 可见，各施肥处理叶片硝酸还原酶活性均比无肥处理 CK 高。整个生育期所有处理呈现苗

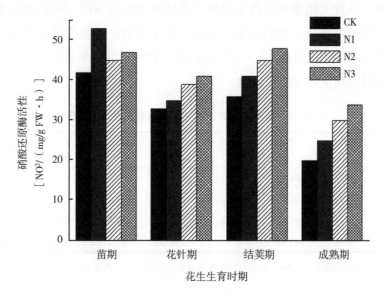

图 4-8　不同施氮方式下花生叶片硝酸还原酶活性的变化

期最高，花针期下降，结荚期有所回升以及成熟期下降的趋势。从图中得知，苗期 N1 处理比 N2、N3 处理酶活性高，而到了花针期、结荚期和成熟期，N1 处理的酶活性显著低于 N2 与 N3 处理。说明氮肥全部作为基肥处理只能在前期体现出养分优势，而在生育旺盛期及后期由于养分流失较多，供应不足，导致花生发育受阻。而基肥+两次追肥及施用控释肥的施肥方式，叶片虽然在生育前期酶活性没有达到最大值，而在中后期养分补充及时，叶片酶活性一直保持活跃状态。

（3）不同施氮方式对产量及构成因素的影响

从表 4-19 看出 N3 处理增产效果最好，相较于 CK 增产 37.1%；从百果重、百仁重和出仁率等产量构成指标来看，N3 处理都高于其他处理，N2 处理次之，增产 36.3%。尽管 N1、N2 处理施氮量相同，N1 处理各项指标均较差，产量仅比对照增加 23.5%。从结瘤数量来看，控释肥处理的效果最好，显著高于其他处理，根瘤最多。根据氮肥利用率比较，N1 处理的氮肥利用率较低，为 29.5%，改变基追比例后，N2 处理的氮肥利用率提高到 32.1%，N3 处理（控释肥减氮 15%）的氮肥利用率最高为 34.5%。N1 处理由于全部基肥处理，花生后期脱肥较重，氮肥利用率较低，造成了不必要的浪费。从以上结果可以得出控释尿素减量 15% 或 40%-35%-25% 的施肥方式更能满足花生生长的需要，对促进花生籽粒产量提高效果显著。从氮肥利用效果的角度考虑，N3（控释肥减氮 15%）的效果最好，减少了氮肥损失以及向地下水淋溶的风险。

表 4-19 不同施氮方式对花生结瘤数量及产量的影响

处理	百果重 （g）	百仁重 （g）	出仁率 （%）	产量 （kg/hm²）	增产 （%）	根瘤 （个/株）	氮肥利用率 （%）
CK	138c	58.3b	0.67	2 855c	—	40.1	—
N1	142b	61.7b	0.68	3 527b	23.5	56.3	29.5
N2	143b	64.0a	0.71	3 894a	36.3	62.1	32.1
N3	159a	65.0a	0.71	3 915a	37.1	66.5	34.5

注：不同小写字母表示同一指标不同处理间差异达显著水平（$P<0.05$）。

3. 小结

本研究发现，整个生育期内各处理 Pn、Ci 及 Pr 值呈现先升高后降低的单峰变化趋势，并在花针期达最大值。整个生育期内，POD 活性、MDA 含量一直呈上升趋势。对于 POD 而言，在成熟期活性最高。CK 及氮肥全部作为基肥处理各生育时期 MDA 含量都高于其他两个处理，说明 40%-35%-25%的施肥方式以及施用控释肥更能满足花生生长的需要，减缓花生叶片的衰老速率。

通常情况下，一定范围氮肥的增产能力与施用量成正比。与不施氮肥相比，花生施氮可提高花生叶片光合性能、酶活性，增加籽粒产量。然而，尽管施氮量相同，不同施氮方法及氮肥品种对花生增产效果不同。本研究中 40%-35%-25%的施肥方式以及控释肥减施处理，对花生荚果增产效果显著，每公顷分别增产 36.3%~37.1%，同时各项生长发育指标较优。从氮肥利用率及结瘤数量角度考虑，控释肥减氮 15%处理效果最好，根瘤数量最多，氮肥利用率最高。综上所述，本研究推荐每公顷基施控释氮肥 153kg/hm²，此种施肥方式有利于花生高产。

（二）炭基肥对花生氮肥吸收利用的影响

采用有机肥复合施用是花生连作障碍的重要调控措施。生物质炭是由作物秸秆、玉米芯、花生壳及农林生产废弃物等通过嫌氧不完全燃烧制取而成。炭基肥是一种将生物质炭作为基本载体与化学肥料混合或复合造粒制成的一种新型缓释肥料。一方面，炭基肥符合生物炭的特征，拥有较大的孔隙度和比表面积，富含高芳香烃结构，能够显著地增加离子交换位点，对土壤中的养分有很强的吸附作用，延缓养分在土壤中的释放与淋失；另一方面，炭基肥内化学肥料的投入也可以补充土壤中的有效养分，为植物生长提供必需元素。由于炭基肥含有一定比例的碳元素，因此可以改善土壤结构，增加土壤孔隙度，提高土壤微生物指标。此外，炭基肥还具有增加地温、抗旱抗寒作用。炭基肥根据花生品种与种植区背景条件，可以有多种类型。目前，比较常用的炭基肥配方（$N-P_2O_5-K_2O$）有 10-13-13、8-11-15 等几种，各地区可以根据花生对养分的需求规律，配置适合当地环境的花生炭基专用肥料。本研究在辽宁花生主产区黑山县设置田间试验，旨在提升炭基肥对该地乃至东北地区花生种植的重要作用。

1. 材料与方法

2010 年在锦州市黑山县绕阳河镇车屯村进行，土壤为耕型沙壤质草甸土。试验点属于暖温带半湿润大陆性季风气候，年平均气温 7.9℃，无霜期平均 163d，年平均降水量 568.4mm。日照时数 2 785h。供试土壤 pH 值为 5.90，有机质为 8.81g/kg，碱解氮为 88.2mg/kg，有效磷为 21.5mg/kg，有效钾为 112mg/kg。

采用田间小区试验，设 4 个处理。具体方案如下，处理 1：CK（不施肥料）；处理 2：当地习惯施肥底肥（FP），每亩施复合肥 35kg，追肥 5kg 尿素，折算成 N-P-K 纯养分施用量为 115-90-90（kg/hm²），简称 FP 处理；处理 3：供试肥料为炭基肥（C 7.44%，N-P$_2$O$_5$-K$_2$O 为 10-13-13），用量为 900kg/hm²，一次性基施，折算成 N-P-K 纯养分施用量为 90-117-117（kg/hm²），简称炭基肥处理。小区面积 30m²，即 0.6m 行距，6 行区，8.3m 行长。每个处理 3 次重复，采用随机区组排列。磷钾肥做底肥一次施入。供试品种为当地主栽品种白沙 1016，种植密度 1.5 万穴/667m²，播种日期 4 月 20 日，收获期 9 月 25 日。于 8 月 10 日测定叶片光合指标，同时于 8 月 18 日和 9 月 11 日采集植株样品测定氮、磷和钾含量。

2. 结果与分析

（1）不同施肥处理对花生光合性能的影响

表 4-20 可以看出，施用炭基花生专用肥的处理叶片净光合速率、蒸腾速率以及气孔导度均明显提高。净光合速率较不施肥处理提高 82.2%，较习惯施肥提高 50.8%；蒸腾速率较不施肥处理提高 186%，较习惯施肥提高 35.1%；气孔导度较不施肥处理提高 167%，较习惯施肥提高 41.1%。

表 4-20　不同施肥处理对花生光合指标的影响

处理	净光合速率 [μmol/(m²s)]	蒸腾速率 [mmol/(m²s)]	气孔导度 [mol/(m²s)]
CK	9.61b	2.18c	0.09c
FP	11.6b	4.61b	0.17b
炭基肥	17.5a	6.23a	0.24a

注：不同小写字母表示不同施肥处理之间具有显著性差异（$P<0.05$）。

（2）不同施肥处理对花生产量的影响

表 4-21 为花生生长中期调查的花生分枝数。从中可以看出，施肥处理的分枝数高于不施肥处理，说明施肥能够促进花生的生长发育。分枝数是

决定产量的一个因子，这也为后期产量的不同奠定了基础。从表 4-21 可以看出，施肥处理对花生荚果产量有显著影响。与 CK 相比，各施肥处理产量均显著增加，增加幅度为 21.4%～36.6%，其中炭基肥处理的花生产量最高。可以得出在该试验地施用炭基专用肥是可行的，不会造成减产的风险，而且肥料一次投入，降低了劳动程度和由此带来的成本。从肥料投入量来看，FP 处理氮磷投入量高于炭基肥处理，但钾的投入量低于炭基肥处理。从氮磷钾总量来看，FP 处理投入最高。因此应当根据土壤肥力状况和作物产量适量施肥，既能节省成本增加收入，又能减少肥料对环境带来的污染。

表 4-21　不同施肥处理对花生农艺性状及荚果产量的影响

处理	分枝数（个/株）				产量（kg/hm²）				增产（%）
	Ⅰ	Ⅱ	Ⅲ	平均值	Ⅰ	Ⅱ	Ⅲ	平均值	
CK	7.5	6.3	6.2	6.7	2 475	2 445	2 550	2 492c	—
FP	7.9	7.2	8.2	7.8	3 000	3 025	3 050	3 025b	21.4
炭基肥	8.6	7.4	7.2	7.7	3 520	3 170	3 525	3 405a	36.6

注：不同小写字母表示不同施肥处理之间具有显著性差异（$P<0.05$）。

（3）不同施肥处理对花生品质的影响

表 4-22 可以看出，施肥处理的花生粗脂肪、蛋白质、可溶性糖和维生素 C 含量均高于不施肥处理。炭基肥处理的粗脂肪含量最高，较不施肥提高 3.7%。蛋白质含量以习惯施肥处理最高，可能与施氮量高有关，较不施肥处理提高 16.1%，炭基肥处理次之，较不施肥处理提高 8%。可溶性糖和维生素 C 均以炭基肥处理最高，较不施肥处理提高 15.4% 和 16.4%。总的来看，以炭基肥处理的花生品质较好，可溶糖含量较高，口感香甜。

表 4-22　不同施肥处理对花生品质的影响

处理	粗脂肪（%）	蛋白质（%）	可溶性糖（%）	维生素 C（mg/kg）
CK	43.3b	20.9bc	9.86bc	4.99c
FP	44.4b	24.2a	10.5ab	5.36b
炭基肥	48.9a	22.5ab	11.4a	5.81a

注：不同小写字母表示不同施肥处理之间具有显著性差异（$P<0.05$）。

（4）不同施肥处理对花生不同生育期养分含量的影响

1）不同生育时期氮含量的变化

由表4-23可以看出，在8月18日，不同处理叶片中氮的含量没有显著差异，茎秆中不同处理差异明显，其中不施肥处理氮含量最低，以氮用量较高的FP氮含量最高，说明氮素用量对茎秆中的氮浓度有一定影响，较不施肥处理浓度提高39.4%，炭基肥处理较不施肥处理氮浓度提高13.4%。果壳中氮浓度变化与茎秆的规律一致，与不施肥相比各处理分别提高33.1%和17%。籽粒中氮浓度各施肥处理间差异不显著，但与不施肥处理相比差异均显著，浓度提高了3.0%~4.5%。9月11日，茎秆和籽粒中的氮浓度各处理无显著差异，果壳中氮浓度各施肥处理间没有明显变化，但都明显高于不施肥处理。经过一段时间各处理的茎秆、果壳中氮浓度均有所下降，籽粒中的则有上升趋势，说明后期氮素营养正向籽粒中转移。

表4-23　不同生育时期各器官氮含量的变化　　　　　　（%）

处理	2010年8月18日				2010年9月11日		
	叶片	茎秆	果壳	花生粒	茎秆	果壳	花生粒
CK	2.81a	0.74b	1.59c	3.96b	0.75a	0.61b	4.37a
FP	2.87a	1.03a	2.19a	4.14a	0.76a	0.94a	4.37a
炭基肥	2.90a	0.84b	1.86b	4.08a	0.75a	0.86a	4.39a

注：不同小写字母表示不同施肥处理之间具有显著性差异（$P<0.05$）。

2）不同生育时期磷含量的变化

由表4-24可以看出，在8月18日，叶片中磷的含量以炭基肥最高，显著高于不施肥处理，但与其他施肥相比差异不明显。茎秆和籽粒中磷浓度各处理没有显著变化。果壳中磷浓度变化各处理间差异明显，与不施肥比较各处理均提高17.2%和31.8%，其中以炭基肥处理磷浓度最高显著高于习惯施肥处理，可能是由于炭基肥中有机物质促进了磷的吸收和转移，致使在磷用量低于习惯施肥的情况下果壳中的磷含量较高。到9月11日，茎秆、果壳和籽粒中的磷含量各处理基本一致，没有显著差异。同氮浓度变化趋势一样，经过一段时间茎秆和果壳中磷浓度下降，籽粒中磷浓度增加，说明后期磷素营养正向籽粒中转移。

表4-24　不同生育时期各器官磷含量的变化　　　　　　（%）

处理	2010 年 8 月 18 日				2010 年 9 月 11 日		
	叶片	茎秆	果壳	花生粒	茎秆	果壳	花生粒
CK	0.24ab	0.27a	0.23c	0.44a	0.11a	0.07a	0.52a
FP	0.24ab	0.27a	0.27b	0.46a	0.12a	0.08a	0.50a
炭基肥	0.26a	0.31a	0.31a	0.49a	0.13a	0.09a	0.50a

注：不同小写字母表示不同施肥处理之间具有显著性差异（$P<0.05$）。

3）不同生育时期钾含量的变化

由表4-25可以看出，在8月18日，叶片中钾的含量以炭基肥较高，显著高于 FP 和 CK 处理，说明增施钾肥有利于提高叶片中钾的浓度，茎秆中钾的变化趋势与叶片的相同，果壳和籽粒中钾含量各施肥处理高于不施肥处理，各施肥处理间差异不明显。不论从叶片、茎秆、果壳和籽粒几个指标来看，炭基肥处理中钾含量最高，可能与此处理施钾量高有关。到9月11日，茎秆中不同处理钾含量差异显著，以炭基肥处理最高，不施肥处理最低。果壳中变化趋势同茎秆。籽粒中钾含量各处理没有明显差异。经过一段时间的生长，茎秆和果壳中钾浓度下降，籽粒中钾浓度增加，说明后期钾素营养正向籽粒中转移。

表4-25　不同生育时期各器官钾含量的变化　　　　　　（%）

处理	2010 年 8 月 18 日				2010 年 9 月 11 日		
	叶片	茎秆	果壳	花生粒	茎秆	果壳	花生粒
CK	1.00c	0.45c	0.81b	0.67b	0.08c	0.36c	0.68a
FP	2.09b	1.36b	1.16a	0.70ab	0.69b	0.68b	0.69a
炭基肥	2.55a	1.67a	1.12a	0.73a	1.46a	0.86a	0.69a

注：不同小写字母表示不同施肥处理之间具有显著性差异（$P<0.05$）。

3. 小结

本研究通过田间试验探索了炭基肥处理对花生光合特性、产量和籽粒品质的影响。总体来说，与生育前期相比，生育后期茎秆和果壳中的氮、磷和钾含量显著下降，而籽粒中各养分含量显著上升，说明营养物质从营养器官向生殖器官转移，贡献产量形成。炭基肥处理显示出了较好的花生增产能力与品质优化能力。研究结果表明，炭基肥处理提高了花生叶片的净光合速率、气孔导度以及蒸腾速率；提高花生产量 36.6%；提高花生的粗脂肪、蛋白质、可溶性糖和维生素 C 的含量；提高成熟前期叶片和果壳中的磷、钾含量。综上所述，与农民习惯施肥相比，炭基肥处理各项指标最优，可以应用于生产。

第四节 配方肥研究

在辽宁省 34 个"3414"试验中，70% 的试验点最高产量在 2 500~3 500kg/hm²，此产量水平下氮磷钾的推荐用量为 140kg/hm²，85kg/hm²，105kg/hm²，根据配方肥的制作工艺和产量水平下的花生养分需求，最终确定配方肥的氮磷钾最佳配方为 14-8-10。根据本研究结果控释氮肥以及分段施肥能在花生生育后期维持较高的养分供应，满足高产花生的需求，同时考虑到钙、钼、硼、锌对花生荚果发育的重要性，因此配方肥中添加以上几种中微量元素，起到平衡施肥、促进荚果产量形成的目的。

配方肥 1 使用普通尿素，配方肥 2 使用控释尿素代替普通尿素，氮肥用量在配方肥 1 的基础上降低 10%，其余成分不变，配方肥各组分含量见表 4-26。

表 4-26 配方肥组分

组 分	配方肥 1（kg/t）	配方肥 2（kg/t）
尿素（N 46%）	236	0
控释尿素（N 35%）	0	270
磷酸二铵（N-P₂O₅-K₂O，18-46-0）	174	174
硫酸钾（50% K₂O）	200	200
钼酸铵	0.4	0.4
硼砂	1.92	1.92
硫酸锌	1.92	1.92
骨粉（含钙20%）	100	100
有机肥（N+P+K 总量小于<5%）	385.5	351.8

第五节　花生测土配方施肥技术操作指南

1. 范围

本指南适用于我国辽宁地区不同产量水平下花生施肥技术指导。根据不同种植区的气候条件、花生产量潜力、土壤性质、水分供给情况，对辽宁种植区进行了细致的分区。根据各区的特点，提供了合理的养分推荐标准值及施肥方式。该标准的提出，对于指导东北地区的花生氮肥施用具有重要意义。

2. 规范性引用文件

下列文件对于本文件的应用是必不可少的。凡是标注日期的引用文件，仅所注日期的版本适用于本文件。凡是不注日期的引用文件，其最新版本（包括所有的修改单）适用于本文件。

NY/T 1121.1 土壤检测　第1部分：土壤样品的采集、处理和贮存

NY/T 85 土壤有机质测定　重铬酸钾滴定法

LY/T 1228 森林土壤氮的测定　水解性氮的测定

NY/T 1121.7 土壤检测　第7部分：土壤有效磷的测定

NY/T 889 土壤速效钾和缓效钾含量的测定

NY/T 1105—2006 肥料合理使用准则　氮肥

NY/T 2911—2016 测土配方施肥技术规程

3. 术语和定义

（1）目标产量

生产者期望达到的花生产量，按照农民习惯施肥产量×1.1计算。

（2）养分限量标准的建立

基于花生目标产量和施肥量的肥料效应函数关系，获得不同目标产量和土壤肥力等级下花生养分推荐用量。

（3）土壤肥力等级

按土壤有机质、水解性氮、有效磷和速效钾含量，对土壤肥力水平划分高、中、低等级（表4-27）。

表 4-27　辽宁地区花生种植土壤养分分级表

土壤肥力等级	有机质 （g/kg）	水解性氮 （mg/kg）	有效磷 （mg/kg）	速效钾 （mg/kg）
低	≤10	≤70	≤15	≤80
中	10~20	70~100	15~25	80~120
高	≥20	≥100	≥25	≥120

4. 养分管理

（1）不同花生种植区养分限量标准

采用基于产量和养分施用的肥效效应关系，提出不同目标产量和肥力水平下氮磷钾肥推荐用量。具体内容见表 4-28。

表 4-28　辽宁地区花生种植养分限量值

分区	土壤类型、 肥力等级	目标产量区间 （kg/hm²）	推荐氮量 （kg/hm²）	推荐磷量 （kg/hm²）	推荐钾量 （kg/hm²）
辽东	棕壤、中	3 000~4 000	120~150	80~100	80~100
辽南	棕壤、低	2 500~3 500	105~130	70~95	60~80
辽西	风沙土、低	3 000~4 000	130~160	80~100	80~100
辽中北	棕壤、中	2 500~3 500	105~120	80~100	80~100

养分用量优化：若种植区为多年秸秆还田地块，可适当减少氮肥与钾肥投入，减少比例为原投入量的 10%~20%。

除考虑大量元素氮磷钾之外，同时配施中微量元素肥料，$CaSO_4$ 750kg/hm²，$ZnSO_4 \cdot 7H_2O$ 25~45kg/hm²，钼酸铵 5~10kg/hm²，硼砂 25~45kg/hm²。此外，每亩施有机肥 500~1 000kg。

（2）肥料施用方法

1）氮肥

施用根据推荐总量确定施用时期，氮肥分 3 次施用。分别在基肥、花针期和结荚期施。不同时期施氮比例取决于土壤肥力等级，见表 4-29。

表 4-29　不同土壤肥力等级下氮素基追比例

土壤肥力等级	3 次
高	35%-35%-30%
中	40%-35%-25%
低	50%-30%-20%

2）其他养分

磷肥全部做基肥施入，钾肥分为基肥 65%、结荚期追肥 35% 两次施入。中微量元素肥料钙肥、锌肥做基肥施入，硅肥花针期进行叶面喷施（水溶性硅肥）或者作为基肥施入（固体硅肥）。

5. 主要病虫害防治

主要采用生物、农业、物理、化学防治相结合的方法。

（1）褐斑病

单剂使用 5% 己唑醇 1 000 倍液，或 25% 戊唑醇 3 000 倍液，或 30% 噁霉灵 2 000 倍液防治；混配药剂使用 5% 己唑醇 1 000 倍液+70% 甲基硫菌灵 750 倍液，或 5% 己唑醇 1 000 倍液+碧护 10 000 倍液防治。

（2）疮痂病

使用 30% 苯醚甲环唑 3 000 倍液，或 30% 噁霉灵 3 000 倍液，或 25% 戊唑醇防治。

6. 收获

收获时间为 9 月 20 日至 10 月 10 日，机械化收获。收获时籽粒充实饱满，含水量低于 50%。

参考文献

陈文新，陈文峰，2004. 发挥生物固氮作用减少化学氮肥施用量 [J]. 中国农业科技导报，6（6）：3-6.

陈新平，2006. 通过"3414"试验建立测土配方施肥技术指标体系 [J]. 中国农技推广（4）：36-39.

陈志德，刘瑞显，沈一，等，2018. 不同施肥水平下花生品种的耐瘠性及光合特性研究 [J]. 花生学报，47（3）：47-51.

初长江，吴正锋，孙学武，等，2017. 控释肥对花生氮代谢相关酶活性的影响 [J]. 花生学报，46（2）：32-39.

戴良香，张智猛，张冠初，等，2020. 氮肥用量对花生氮素吸收与分配的影响 [J]. 核农学报，34（2）：370-375.

杜红，闫凌云，路红卫，等，2005. 高产花生品种干物质生产对产量的影响 [J]. 中国农学通报，21（8）：104-107.

杜晓明，洛俊峰，祖玉伟，等，2019. 测土配方施肥技术在吉林省作物

种植中的应用现状 [J]. 吉林农业 (5)：74.

封海胜，张思苏，万书波，1995. 土壤微生物与连、轮作花生的相互效应研究 [J]. 莱阳农学院学报，12 (2)：97-101.

冯晨，冯良山，孙占祥，等，2019. 辽西半干旱区不同施氮水平下玉米、花生间作系统对花生结瘤特性的影响 [J]. 中国土壤与肥料 (4)：127-131.

郭峰，万书波，王才斌，等，2009. 麦套花生氮素代谢及相关酶活性变化研究 [J]. 植物营养与肥料学报，15 (2)：416-421.

郭陞垚，陈永水，陈剑洪，等，2010. 泉花系列花生品种高产性状及生理特性研究 [J]. 花生学报，39 (4)：14-19.

黄志鹏，吴海宁，唐秀梅，等，2020. 化肥减施对花生根际土壤细菌群落结构和多样性的影响 [J]. 花生学报，49 (3) 8-13.

江晨，张智猛，孟爱芝，等，2020. 不同施氮量对花生干物质积累及氮肥利用率的影响 [J]. 山东农业科学，52 (7)：67-70.

姜涛，倪皖莉，王嵩，等，2018. 炭基缓释花生专用肥对砂姜黑土夏花生干物质积累及产量的影响 [J]. 花生学报，47 (3) 75-80.

蒋春姬，郭佩，王晓光，等，2020. 花生氮高效品种资源的苗期筛选研究 [J]. 花生学报，49 (3)：40-45.

金建猛，任丽，刘向阳，等，2010. 不同氮、磷、钾肥用量对花生农艺性状及产量品质的影响 [J]. 陕西农业科学 (3)：56-57.

李波，何志刚，王秀娟，等，2013. 不同施氮方式对花生生理特性及产量的影响 [J]. 作物杂志 (6)：129-132.

李向东，王晓云，余松烈，等，2002. 花生叶片衰老过程中光合性能及细胞微结构变化 [J]. 中国农业科学，35 (4)：384-389.

李向东，王晓云，张高英，等，2001. 花生叶片衰老与活性氧代谢 [J]. 中国油料作物学报，23 (2)：31-34.

李玥，韩萌，杨劲峰，等，2020. 炭基肥配施有机肥对风沙土养分含量及酶活性的影响 [J]. 花生学报，49 (2)：1-7.

梁晓艳，李安东，万书波，等，2011. 超高产夏直播花生生育动态及生理特性研究 [J]. 作物杂志 (3)：46-50.

刘宇锋，苏天明，苏利荣，2019. 我国南方花生产区栽培与施肥现状及对策 [J]. 江西农业学报，31 (10)：1-9.

娄春荣，董环，王秀娟，等，2008. 辽宁省花生 "3414" 肥料试验施肥模型探讨 [J]. 土壤通报，39 (4)：892-895.

娄春荣，王秀娟，董环，等，2011. 辽宁花生测土配方施肥技术参数研究. 土壤通报, 42 (1): 151-153.

吕建伟, 李正强, 马天进, 等, 2015. 不同花生品种（系）农艺性状对氮、磷、钾肥的响应 [J]. 花生学报, 44 (3): 51-54.

彭春瑞, 陈先茂, 林洪鑫, 2012. 江西红壤旱地花生测土施氮参数研究 [J]. 中国油料作物学报, 34 (3): 280-285.

曲杰, 2011. 不同施肥量对花育 30 号产量的影响 [J]. 山东农业科学 (6): 65-66.

石乔龙, 龙冬仙, 李华荣, 等, 2021. 2020 年花生增施中微量元素化肥效果研究 [J]. 现代农业科技 (4): 5-6.

石晓雨, 2020. 稳定性肥料对中国不同区域作物的增产节肥效果 [D]. 沈阳: 沈阳农业大学.

孙学武, 孙奎香, 万书波, 等, 2011. 麦套花生花育 22 号超高产生育动态及生理特性研究 [J]. 亚热带农业研究, 7 (1): 12-16.

孙彦浩, 梁裕元, 余美炎, 等, 1979. 花生对氮磷钾三要素吸收运转规律的研究. 土壤肥料, 5: 40-43.

万书波, 封海胜, 左学青, 等, 2000. 不同供氮水平花生的氮素利用效率 [J]. 山东农业科学, 1: 31-33.

王春晓, 王世福, 鹿泽启, 等, 2019. 花生化肥减施途径与潜力 [J]. 花生学报, 48 (3): 71-75.

王圣瑞, 陈新平, 高祥照, 等, 2002. "3414" 肥料试验模型拟合的探讨 [J]. 植物营养与肥料学报, 8 (4): 409-413.

王苏影, 刘宗发, 程春明, 等, 2021. 氮磷用量对花生产量的影响 [J]. 安徽农业科学, 49 (2): 147-149, 153.

王秀娟, 李波, 何志刚, 等, 2014. 花生干物质积累养分吸收及分配规律 [J]. 湖北农业科学, 53 (13): 2992-2994.

王秀娟, 娄春荣, 董环, 等, 2011. 辽宁花生施肥模型试验研究 [J]. 土壤通报, 42 (1): 148-150.

吴曼, 沈浦, 孙学武, 等, 2020. 国内外花生肥料施用研究的文献计量学分析 [J]. 山东农业科学, 52 (9): 157-164, 172.

吴正锋, 2014. 花生高产高效氮素养分调控研究 [D]. 北京: 中国农业大学.

颜明娟, 章明清, 李娟, 等, 2010. 福建花生测土配方施肥指标体系研究 [J]. 中国油料作物学报, 32 (3): 424-430.

杨伟强, 宋文武, 鞠倩等, 2009. 不同类型花生品种干物质积累特性研究 [J]. 山东农业科学 (1): 47-49.

于俊红，彭智平，黄继川，等，2011. 施氮量对花生养分吸收及产量品质的影响 [J]. 花生学报，40（3）：20-23.

袁光，张冠初，丁红，等，2019. 减施氮肥对旱地花生农艺性状及产量的影响 [J]. 花生学报，48（3）：30-35.

张彩军，孔洁，司彤，等，2021. 分层施肥对花生植株生长动态的影响 [J]. 青岛农业大学学报（自然科学版），38（1）：15-19.

张海焕，王月福，张晓军，等，2016. 控释肥用量对花生田土壤养分含量及产量品质的影响 [J]. 花生学报，45（2）：27-32.

张甜，王铭伦，张晓军，等，2018. 不同时期追肥对花生叶片衰老特性及产量的影响 [J]. 花生学报，47（3）：26-32.

张翔，张新友，毛家伟，等，2011. 施氮水平对不同花生品种产量与品质的影响 [J]. 植物营养与肥料学报，17（6）：1417-1423.

张智猛，宋文武，李美，等，2012. 非充分灌溉对不同花生品种渗透调节物质含量和抗氧化活性的影响 [J]. 水土保持学报，26（5）：272-276.

张智猛，万书波，宁堂原，等，2007. 不同花生品种氮代谢相关酶活性的研究 [J]. 植物营养与肥料学报，13（4）：707-713.

章孜亮，高俊，李丽艳，等，2020. 减氮条件下接种根瘤菌对花生生长、氮肥效率及经济效益的影响 [J]. 花生学报，49（2）：54-58.

赵英杰，2019. 花生-春玉米轮作的肥料效应及减量优化施肥技术研究 [D]. 保定：河北农业大学.

周可金，马成泽，许承保，等，2003. 施钾对花生养分吸收、产量与效益的影响 [J]. 应用生态学报，14（11）：1917-1920.

周录英，李向东，汤笑，等，2007. 氮、磷、钾肥不同用量对花生生理特性及产量品质的影响 [J]. 应用生态学报，18（11）：2468-2474.

朱涛，张中原，李金凤，等，2004. 应用二次回归肥料试验"3414"设计配置多种肥料效应函数功能的研究 [J]. 沈阳农业大学学报，35（3）：211-215.

LI X G, JOUSSET A, DE BOER W, et al., 2018. Legacy of land use history determines reprogramming of plant physiology by soil microbiome [J]. The ISME Journal, 13: 738-751.

ZHAO S C, LÜ J L, XU X P, et al., 2021. Peanut yield, nutrient uptake and requirement in different regions of China [J]. Journal of Integrative Agriculture, 20 (9): 2-11.

图2-2　木霉菌的固体发酵模式

A:p__Actinobacteria
B:c__Actinobacteria
C:c__Thermoleophilia
D:p__Acidobacteria
E:c__Acidobacteria
F:f__Acidobacteriaceae_[Subgroup_1]
G:p__Gemmatimonadetes
H:c__Gemmatimonadetes
I:o__Gemmatimonadales
J:f__Gemmatimonadaceae
K:p__Chloroflexi
L:p__Proteobacteria
M:c__Alphaproteobacteria
N:o__Sphingomonadales
O:f__Sphingomonadaceae
P:g__Sphingomonas
Q:o__Rhizobiales
R:c__Betaproteobacteria
S:o__Burkholderiales
I:f__Burkholderiaceae

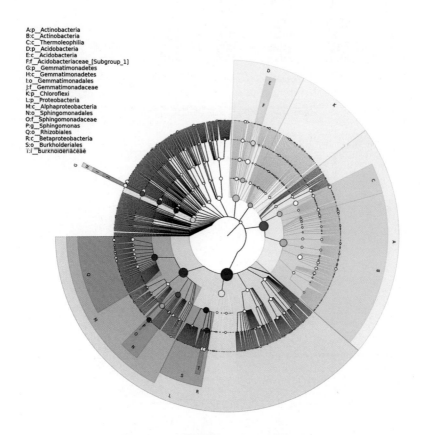

图2-15　土壤细菌GraphlAn等级树图

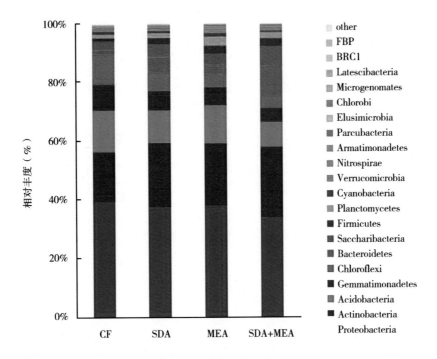

图2-16　门水平下土壤细菌群落结构

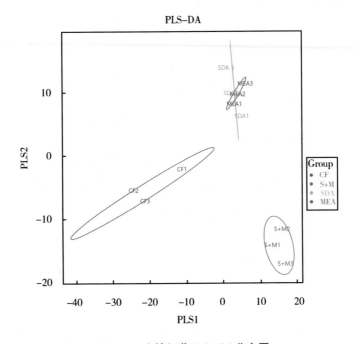

图2-17　土壤细菌PLS-DA分布图

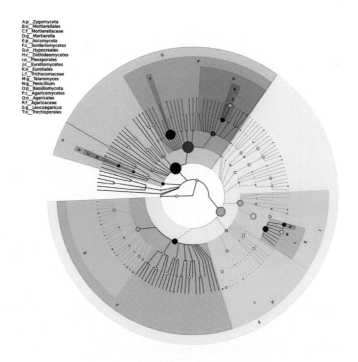

A:p__Zygomycota
B:o__Mortierellales
C:f__Mortierellaceae
D:g__Mortierella
E:p__Ascomycota
F:c__Sordariomycetes
G:o__Hypocreales
H:c__Dothideomycetes
J:c__Eurotiomycetes
K:o__Eurotiales
L:f__Trichocomaceae
M:g__Talaromyces
N:g__Penicillium
O:p__Basidiomycota
P:c__Agaricomycetes
Q:o__Agaricales
R:f__Agaricaceae
S:g__Leucoagaricus
T:o__Trechisporales

图2-18　土壤真菌GraphlAn等级树图

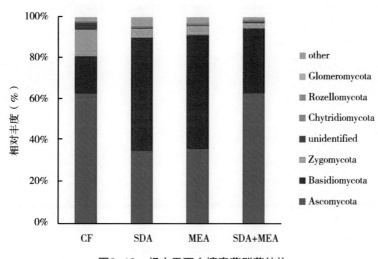

图2-19　门水平下土壤真菌群落结构

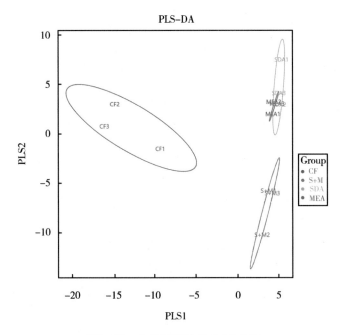

图2-20　土壤真菌PLS-DA分布图

单作　　　　　　　　　　　　间作

图3-3　单作、间作模式